磁性剪切增稠超精密光整加工技术

田业冰　范增华　著

科 学 出 版 社

北 京

内 容 简 介

本书针对磁性剪切增稠智能复合材料的新型光整介质，研究"磁化增强"和"剪切增稠"双重刺激响应的磁性剪切增稠光整加工机理，探究磁性剪切增稠光整加工工具对零件表面光整加工特性的影响规律。全书共 7 章，主要内容包括绪论、磁性剪切增稠光整加工机理、磁性剪切增稠光整介质、四磁极耦合旋转磁场磁性剪切增稠光整加工、圆槽盘式旋转磁场磁性剪切增稠光整加工、振动辅助磁性剪切增稠光整加工，以及磁性剪切增稠光整加工技术应用与展望。

本书适合作为高等院校光学工程、通信工程、材料工程等相关专业的研究生、高年级本科生的教学用书或参考书，也适合作为航空航天、高端装备、轨道交通、医疗器械等领域的从业人员及科研人员的参考用书。

图书在版编目(CIP)数据

磁性剪切增稠超精密光整加工技术 / 田业冰，范增华著.—北京：科学出版社，2022.11

ISBN 978-7-03-072710-7

Ⅰ. ①磁⋯　Ⅱ. ①田⋯　②范⋯　Ⅲ. ①超精加工　Ⅳ. ①TG506.9

中国版本图书馆CIP数据核字(2022)第117829号

责任编辑：陈　婕　李　策 / 责任校对：任苗苗
责任印制：吴兆东 / 封面设计：蓝正设计

科 学 出 版 社 出版
北京东黄城根北街 16 号
邮政编码：100717
http://www.sciencep.com
北京中科印刷有限公司 印刷
科学出版社发行　各地新华书店经销
*
2022 年 11 月第　一　版　开本：720 × 1000 1/16
2023 年 2 月第二次印刷　印张：12 1/4
字数：240 000

定价：88.00 元
(如有印装质量问题，我社负责调换)

序

　　磁性剪切增稠超精密光整加工技术是一种新型磁场辅助光整加工技术，采用具有"磁化增强"与"剪切增稠"双重效应的智能复合材料的新型光整介质对零件表面进行抛光，形成"增强柔性仿形粒子簇"，实现高效高质光整加工。磁性剪切增稠光整加工技术丰富了精密与超精密加工技术手段，具有重要的学术意义和广阔的工程应用前景。

　　磁性剪切增稠光整介质通过调控磁场和加工工艺参数，展现出"磁化增强"与"剪切增稠"的独有特性，可以提升在高剪切应力场作用下对磨粒的把控能力，提高零件表面光整加工效率、精度及质量。《磁性剪切增稠超精密光整加工技术》从磁性剪切增稠光整加工理论、方法、工具与加工工艺方面，系统地阐述了"磁化增强"和"剪切增稠"双重刺激响应的磁性剪切增稠光整加工机理、磁性剪切增稠光整介质、四磁极耦合旋转磁场磁性剪切增稠光整加工、圆槽盘式旋转磁场磁性剪切增稠光整加工，以及振动辅助磁性剪切增稠光整加工等内容，揭示了磁性剪切增稠光整加工工具对零件表面光整加工特性的影响规律，并给出了若干典型零部件光整加工案例。

　　田业冰教授长期从事精密与超精密加工理论与技术研究，积累了丰富的科研经验，具有坚实的学术基础。该书是其多年相关研究工作的一次全面总结，内容翔实、文笔流畅、科学严谨、学术体系完整，具有较高的可读性与借鉴性，是业内一部不可多得、特色鲜明、具有重要学术意义和应用参考价值的学术研究专著。

中国光整加工专业委员会主任委员

大连理工大学教授、博士生导师

2022 年 6 月 6 日

前　言

　　磁场辅助光整加工技术以降低零件表面粗糙度、去除划痕及微观裂纹、提高表面物理力学性能、改善零件表面应力分布状态为目标，是精密与超精密加工领域具有发展潜力的一种加工技术。该技术不仅是学术界研究的前沿，也是产业发展所急需。现有磁场辅助光整加工技术仍然面临亟待解决的挑战，例如，难加工材料的光整周期长、材料去除率低，复杂曲面的几何尺寸精度不易控制、材料去除均一性差；在高剪切应力场作用下，磁性介质加工性能不稳定，氧化、分解、流变特性变差，磨粒把控能力弱化。因此，研制新型磁场辅助光整方法及新介质，调控光整介质流变特性以提高磨粒的把控力，是解决现有问题的重要突破口，对精密与超精密加工应用领域的发展具有重要意义。

　　近年来，田业冰教授及其博士后、博士研究生与硕士研究生对磁场辅助光整加工技术开展了大量的研究工作，提出了"磁化增强"与"剪切增稠"双重作用的磁性剪切增稠光整新方法，研制了智能复合材料的新型光整介质，研究了"磁化增强"和"剪切增稠"双重刺激响应的磁性剪切增稠光整加工机理，并基于设计的光整加工工具，利用新型光整介质在"磁化增强"与"剪切增稠"双重效应下形成的"增强柔性仿形粒子簇"对材料进行了高效高质光整加工。深入系统地研究磁性剪切增稠光整加工理论、方法、工具与加工工艺，能够为我国提供拥有自主知识产权的精密与超精密光整加工理论和技术，具有重要的学术意义和应用价值。

　　本书是田业冰教授团队近几年在磁场辅助光整加工领域的主要研究成果，对磁性剪切增稠光整加工方法、机理和工艺进行了系统阐述。全书共7章，主要内容包括绪论、磁性剪切增稠光整加工机理、磁性剪切增稠光整介质、四磁极耦合旋转磁场磁性剪切增稠光整加工、圆槽盘式旋转磁场磁性剪切增稠光整加工、振动辅助磁性剪切增稠光整加工，以及磁性剪切增稠光整加工技术应用与展望。本书建立了磁性剪切增稠光整介质的本构模型及材料去除率模型，揭示了磁性剪切增稠光整加工的力学性能，优化了磁性剪切智能光整介质的制备工艺，探究了不同磁感应强度下的剪切增稠特性；针对微细结构件、增材制造件、先进陶瓷件、自由曲面件等典型零部件的光整加工进行实验探究，分析了磁性剪切增稠光整方法对光整后工件表面完整性的影响规律，获取了高效率、高质量的磁性剪切增稠光整加工最优工艺方案。

　　本书由山东理工大学田业冰教授、范增华副教授撰写。与本书内容相关的研究工作得到了国家自然科学基金面上项目(51875329)、山东省"泰山学者"建设工程专项(tsqn201812064)、山东省重点研发计划项目(2018GGX103008)、山东省自然科学基金项目(ZR2017MEE050)、山东省高等学校青年创新团队项目(2019KJB030)、淄博市重点研发计划项目(2019ZBXC070)以及山东理工大学引进高层次人才项目的资助与支持,在此表示感谢。诚挚感谢山东理工大学和许多专家、同仁对本书的内容研究和出版工作给予的大力支持。同时,感谢博士研究生钱乘,硕士研究生孙志光、刘志强、石晨、周强、马振为本书内容所做的研究工作。另外,书中参考了一些专家、学者的研究文献,在此也向他们表示衷心的感谢。

由于作者水平有限,书中难免存在不妥之处,敬请广大读者批评指正。

目　　录

第1章 绪 论

随着科技发展与社会进步，航空航天、精密机械、生物医疗、国防军事、轨道交通、光学工程、5G通信、船舶制造等领域对零部件精度、功能结构以及表面质量等方面的要求日趋严格。传统机械加工后的零部件常存在表面粗糙度低、表面锈蚀、表面烧伤、表面划伤、表面裂纹、边缘断裂、棱边、毛刺等缺陷，这些缺陷不仅影响零部件的疲劳强度、耐磨性以及耐腐蚀性，还影响零部件的定位精度和安装精度，甚至影响产品的使用寿命和服务性能，难以满足应用要求。因此，以提高零部件精度与表面质量为目的的精密与超精密加工技术成为发展急需。

光整加工技术作为精密与超精密加工领域应用广泛的一种加工工艺，是现代制造技术的重要组成部分。光整加工技术是精密机械加工后零部件表面完整性进一步提高的延续，通过不切除或仅切除极薄的材料表面层实现表面微瑕疵、微裂纹、拉伸残余应力层的去除，从而降低工件表面粗糙度、增强压缩残余应力，以强化表面强度、提高零部件寿命等。传统光整加工技术主要包括磨削、研磨、珩磨、喷丸等。随着现代制造业的发展，对加工效率、加工精度、适用范围及自动化程度等方面提出了更高的技术要求，一些非传统光整加工技术应运而生，如磁场辅助光整加工技术、离子束抛光技术、激光束抛光技术、等离子体喷射加工技术和电化学抛光技术等。

非传统光整加工工艺对精密与超精密光整技术的发展尤为重要，对提高零部件表面完整性具有重要意义。深入系统地研究与开发新型高效高质非传统光整加工工艺，有助于丰富精密与超精密光整加工理论与技术，促进现代制造技术的发展。非接触式的离子束抛光技术、激光束抛光技术、等离子体喷射加工技术具有加工精度高、表面粗糙度低等优势，但材料去除效率低，设备昂贵，对加工条件要求苛刻。电化学抛光技术具有效率高的显著优点，但是存在化学腐蚀液污染环境的问题。磁场辅助光整加工技术具有游离磨料自适应性强、不受零部件表面复杂结构特征限制、光整介质易于控制等优势，适用于螺旋结构、微细结构、自由曲面等复杂结构的表面光整加工，可使表面粗糙度达到纳米至几十纳米量级，使材料以延性域加工方式去除，且能够有效去除工件表面微缺陷，使光整后的表面完整性良好。因此，磁场辅助光整加工工艺具有广阔的应用前景，是现代制造技术的重要加工工艺之一。但是，由于磁场辅助光整加工面临着光整周期长、自动化程度低、材料去除均一性差、尺寸精度不易控制、磁性介质光整性不稳定等共性难题，特别是在高剪切应力场作用下，磁性介质流变特性变差，磁场对磨粒的把控能力变弱，故磁场辅助光整加工技术的应用范围受到了极大的限制，迫切需要研究新型磁场辅助光整加工方法、介质和装置。

1.1 磁场辅助光整加工技术简介

磁场辅助光整加工指利用磁场对高磁导率磁性介质的控制实现工件表面的光整加工。磁性介质沿磁力线方向自适应聚集于工件表面，形成"柔性粒子簇"，磁性介质的把持力度和运动轨迹通过调控磁场方向与强度来控制，磁性介质与工件接触并相对运动时，其中的微/纳磨粒在工件表面产生滑擦、滚动、切削运动，实现工件表面微凸峰去除，具有典型的游离磨料的适应性强、可控性好等优势。因此，磁场辅助光整加工技术广泛应用于航空航天、精密机械、生物医疗、光学工程、船舶制造等领域复杂结构零部件的精密与超精密加工[1]。

磁场辅助光整加工技术主要包括磁力研磨、磁流变光整、磁射流抛光、磁性浮体抛光、超声辅助磁力研磨等。其中，磁力研磨与磁流变光整应用最为广泛，它们的主要区别是使用的磁性介质与光整机理不同。磁力研磨使用的磁性介质为磁性磨料，磁流变光整使用的磁性介质为磁流变液。磁流变液包含基液、添加剂等成分。磁流变光整研究磁流变液在流体动力、磁场等复合场作用下的力学行为，而磁力研磨研究主要涉及磁性磨料在磁场下的力学行为。磁力研磨中，游离磁性磨料在磁场的作用下形成具有一定柔性和黏弹性的"柔性粒子簇"，并自适应贴合加工表面，因此不仅可以加工外表面平面，还可以加工自由曲面、螺旋结构表面等。磁场的穿透能力可以调控光整介质对内表面、螺旋结构、微细结构进行加工，且加工轨迹不需要数控磨削的严格控制[2]。磁流变光整是利用磁流变液的磁流变效应，在特定磁场的作用下使表观黏度在毫秒内迅速增大，在光整区域内形成半固体状的"柔性粒子簇"，用"固结"的微/纳磨粒切削工件表面微凸峰，以实现光整加工。

磁场辅助光整加工技术相对于传统的光整加工技术具有独特的优势，主要包括：①"柔性粒子簇"具有较高的柔性与黏弹性，磁场有较强的穿透能力，对加工对象形态适应性强，可以适用于外表面、内表面、螺旋结构、微细结构、自由曲面等复杂结构表面的加工；②提高被加工工件的物理性能，微/纳磨粒对工件表面进行微切削和碾压作用，改变表面应力的分布状态，消除表面变质层，提高工件表面的硬度和疲劳强度；③微/纳磨粒具有良好的切削调整能力，微/纳磨粒在被加工表面产生滑擦、滚动、切削作用，不断调整微/纳磨粒切削刃的切削角度，保证切削性能，提高光整加工效率；④被加工工件表面产生的塑性变形小，热量低，残余应力小，工件光整后变形量小，形状精度高；⑤加工材料广泛，可适用于加工导磁和非导磁材料，对镍合金、钛合金、先进陶瓷等难加工高温合金与硬脆性材料有较好的加工效果；⑥磁性介质对环境无污染，成本低，可重复利用，符合绿色制造的主旨。

1.2　磁场辅助光整加工技术发展

作为一种非传统光整加工工艺，磁场辅助光整加工技术受到了国内外学者的广泛关注，产生了丰富的研究成果。该技术最早可追溯到 20 世纪 30 年代。1938 年，苏联工程师 Kargolow 将磁场引入光整加工中，提出了磁性磨粒研磨(magnetic abrasive finishing)的磁场辅助光整加工工艺，国内学者称之为"磁力研磨"；20 世纪 60 年代初，苏联学者致力于磁场辅助光整加工工艺的研究与推广应用；70 年代中期，Mekedonski 等对磁力研磨加工工艺开展大量的研究，将其应用于工件毛刺去除；80 年代初期，日本宇都宫大学的 Shinmura 对磁场辅助光整加工技术展开了深入的研究，将旋转磁场引入磁力研磨中，设计并制造了具有实用价值的磁力研磨设备[3]。

20 世纪 80 年代后期，我国许多科研院所与高等院校开始对磁场辅助光整加工技术展开研究与推广。湖南大学尹韶辉等在在线电解修锐磨削中引入了磁力研磨光整加工工艺，以三轴立式加工中心为平台，提出了对复杂曲面加工的控制方法，分析了刀具磨损产生的形状误差，讨论了避免加工干涉的方法[4]。南京航空航天大学左敦稳等制备了用于硬脆材料研磨的金刚石磁性磨料，分析了金刚石磨粒的浓度、铁磁性金属合金的含量、机械搅拌速度对磁性磨粒光整性能的影响，针对石英玻璃进行了光整加工实验，获得了最优的制备工艺[5]。太原理工大学杨胜强等基于旋涡气流光整技术及磁力研磨技术，提出了旋涡气流磁场复合光整加工工艺，通过数值模拟证明了该工艺的有效性；搭建了针对细长孔、交叉孔、难加工材料表面的光整实验平台，进行了工艺实验[6,7]。山东理工大学赵玉刚等研究了自由降落双极混粉气雾化水冷快凝磁性磨料制备技术与设备，以金刚石、碳化硅、氧化铝粉末为硬质磨料材料，以铁磁性金属合金为基体材料，制备出了理想球形结构、粒度均一、研磨性能优异的磁性磨料，搭建了磁力光整加工自动化设备，解决了超细长血管支架管材内壁镜面加工的难题[8,9]。辽宁科技大学陈燕等将超声技术与磁力研磨技术相结合，提出了超声辅助磁力研磨加工技术，对其加工机理进行了深入系统研究，针对航空发动机涡轮叶片、医疗器械的细长管、异形外圆表面、自由曲面、弯管内表面、微细零件表面研发了相应的磁力研磨光整工艺和设备[10,11]。

20 世纪 90 年代，美国 Rochester 大学光学制造中心的 Kordonski 等结合电磁学、流体力学、分析化学等理论将磁流变液应用到精密机械加工过程中，提出了磁流变光整加工(magnetorheological finishing)技术[12]。1999 年，美国 Rochester 大学光学制造中心与 QED 公司合作，研制出了 Q22 系列数控磁流变抛光机，并成功应用于光学非球面零部件的光整加工，实现了磁流变光整技术的商业应用[13]。韩国、德国、日本的学者在磁流变光整加工方面的研究工作，也取得了一定的进展。

中国科学院长春光学精密机械与物理研究所张学军等将磁流变光整加工技术引入我国，制备了磁流变光整样机，对加工工艺及相关理论进行了改进与创新[14]。近年来，国内学者对磁流变抛光理论与磁流变光整加工实验装置进行了研究。国防科技大学彭小强等[15]建立了基于迭代算法的回转对称非球面计算机控制表面成型的驻留时间算法，将材料去除率映射到材料去除矩阵进行计算。石峰等[16]提出了一种光学零件磁流变加工的驻留时间计算方法，将抛光模对工件上各个控制节点的材料去除能力体现在去除矩阵中，利用非负最小二乘法进行驻留时间向量的求解。张峰等[17]和李龙响等[18]以 Preston 方程为依据建立了光整材料去除率模型，指出光整过程中的压力主要由流体动压力和磁化压力组成，研制了抛光盘式的磁流变抛光装置。清华大学左巍等[19]设计了具有公转轴的电磁磁流变光整装置，分析了磁流变液性质、循环系统流量和压力等因素对光整质量的影响，开发了五轴联动光整机床，实现了非球面纳米精度抛光。湖南大学尹韶辉等[20]针对小口径非球面光整精度差的问题，研制了直径为 6mm 的光整工具，开发了超精密复合磨抛机床。哈尔滨工业大学张飞虎等[21]提出了超声磁流变复合光整方法，开发了相应的超声复合光整装置，研究了振幅、磁感应强度、工作间隙等对光学玻璃材料去除率的影响。广东工业大学阎秋生等将集群原理与磁流变效应相结合，提出了集群磁流变效应平面光整技术，针对硬脆材料进行了集群磁流变光整实验，获得了纳米级表面粗糙度[22,23]。此外，中国工程物理研究院、浙江工业大学、太原理工大学等也对磁流变光整加工的实验设备与装置进行了设计与开发。

光整介质是磁场辅助光整加工的"刀具"，高性能磁性介质的制备对磁场辅助光整加工技术的开发具有重要意义。磁性光整介质的制备方法包括传统的机械搅拌、黏结、烧结等方法，以及近几年提出的雾化快凝法[8]、溶胶-凝胶法[24]。磁性光整介质的性能、使用寿命以及自适应性逐步提高。不同形状、不同属性的添加物及其浓度对光整介质的加工特性具有重要的影响。太原理工大学李文辉等[25]基于不同类型的添加物开发了性能优异的磁流变光整介质。中国科学院长春光学精密机械与物理研究所白杨等[26]对磁流变抛光液的组成、流变特性以及稳定性进行了探究，制备了适用于光学元器件加工的水基磁流变抛光液。基于智能复合材料的新型磁性光整介质具有优异的流变属性、力学性能和切削性能，因此它成为磁性光整介质研究的焦点。

综上所述，磁场辅助光整加工技术独有的魅力吸引着一代代科研工作者、工程师以及精密与超精密领域的工作人员。而面对日益增长的市场需求与技术短板之间的矛盾，需要研究者研发磁场辅助光整加工新理论、新技术，开辟磁场辅助光整加工的新领域。

1.3 磁场辅助光整加工技术分类

磁场辅助光整加工主要通过外源磁场的作用实现对光整介质的控制,进而对工件进行光整加工。磁场辅助光整加工技术主要有磁力研磨、磁流变光整、磁场辅助复合场光整等。根据光整介质的不同,该技术主要分为两种:一种是基于磁性磨料的磁场辅助光整加工技术;另一种是基于非磁性磨料的磁场辅助光整加工技术[3]。对于基于磁性磨料的磁场辅助光整加工技术,磁场直接作用于磁性磨料,其代表性技术为磁力研磨;对于基于非磁性磨料的磁场辅助光整加工技术,需要添加非磁性颗粒以外的微/纳磁性粒子或者磁流变液进行光整加工,其代表性技术为磁流变光整。

1.3.1 磁力研磨

1. 磁力研磨原理

磁力研磨利用磁场对磁性磨料产生的磁化压力,将磁性磨料紧压在工件表面,并带动磨粒对工件表面进行微切削加工。图 1-1 为圆柱外表面磁力研磨加工原理示意图[27]。如图 1-1 所示,将圆柱工件放置于磁极构成的 N-S 磁场中,工件 N 极相对于 S 极保持一定的加工间隙,在加工间隙填充适量的磁性磨料,磁性磨料在磁场力的作用下沿着磁力线分布,形成柔性磁力研磨刷。磁极与工件之间产生相对运动(旋转、进给、振动等),磁力研磨刷摩擦工件表面,对工件表面形成研磨压力,以滑擦、滚动、切削等形式实现工件表面微凸峰去除。

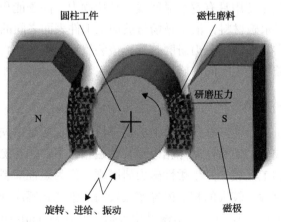

图 1-1 圆柱外表面磁力研磨加工原理示意图

磁场具有较强的穿透能力,可以对内表面进行研磨加工,图 1-2 为圆柱内表面磁力研磨加工示意图[28]。磁轭上均匀布置一定数量的磁极,将工件放置于磁轭的中心，在圆柱工件内部填充磁性磨料。磁场的穿透作用可在圆柱内表面的加工区域产生一定强度的磁场，使填充的磁性磨料沿着磁力线方向有序分布，形成磁力研磨刷。当磁极与圆柱工件之间产生相对运动(旋转、进给、振动等)时，磁力研磨刷去除工件表面微量材料，改变其内表面的微观几何特征，从而降低了表面粗糙度，提高了表面质量。

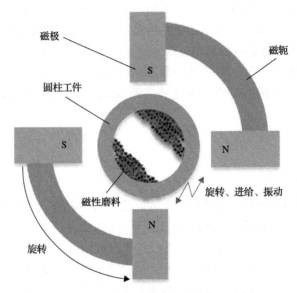

图1-2　圆柱内表面磁力研磨加工示意图

　　磁力研磨装置根据生成磁场的方式可以划分为两大类：第一类为永磁场磁力研磨装置，该装置多使用具有宽磁滞回线、高矫顽力、高磁能积、高磁导率的钕铁硼(NdFeB)系列永磁材料，依靠磁场与被加工工件表面之间的相对运动来实现研磨加工；第二类为电磁场磁力研磨装置，该装置通入交变或直流电流生成旋转磁场，依靠通电顺序产生不同的旋转磁场或电磁场，实现研磨加工。

　　2. 磁性磨料的组成及性能

　　磁性磨料本质是一种铁基颗粒增强型复合材料，主要是由铁磁性基体相和陶瓷硬质磨粒相构成的。铁磁性基体相也称为铁磁相，主要是在磁场的作用下，将磁性磨料集中于加工区域，产生柔性磁力研磨刷。作为磁性磨料的磁载体，铁磁相具有较好的导磁性、较大的相对磁导率及较高的饱和磁感应强度，以便在磁力研磨中产生较强的研磨压力。常用铁磁相包括羰基铁粉(carbonyl iron powder, CIP)、四氧化三铁、硼铁、钨铁、球墨铸铁等。陶瓷硬质磨粒相也称为磨粒相，本质上是具有较高强度、高硬度和高稳定性的颗粒状物质，具有优异的切削、研磨和光整性能。磨粒相的物理特性对加工质量及加工效率起决定性作用[29]。目前，常用的磨粒相主要包括金刚石、碳化物、刚玉及氧化物，广泛使用的有金刚石、立方氮化硼、碳化硅、白刚玉和氧化铬等。

磁力研磨中，磁性磨料应该满足力学性能要求、物理性能要求、形貌与微观结构要求、耐用性能要求等[30]，具体内容如下。

(1) 力学性能要求：磁性磨料应具有适当的强度、硬度、韧性和稳定的力学特性，即磁性磨料的微切削刃在切入工件微凸峰的过程中，微切削刃不易被破坏；在长时间的研磨过程中，磁性磨料应具有良好的耐磨损能力，以便延长研磨寿命；在磁场涡流热、磨削热的耦合作用下，磁性磨料不易被软化及分解，具有较高的稳定性能，且不与工件材料发生化学反应；磁性磨料颗粒应能抵抗研磨过程中所承受的冲击载荷，且具有一定的冲击韧性。

(2) 物理性能要求：磁性磨料应具有较强的软磁性能。磁性颗粒多采用低矫顽力、高磁导率、容易磁化与退磁的软磁材料，其主要特点为饱和磁通密度高、磁滞回线呈狭长形、磁滞损耗小、剩磁及矫顽力小、磁稳定性较好。磁性磨料的软磁性能越好，可达到的饱和磁感应强度越大，磁场对磁性磨料的把控能力越强，在磁力研磨过程中，切削力也就越大，加工效率越高。在制备过程中，通常加入强导磁物质改善磁性磨料的软磁性能，如铁、钴、镍等，以增强导磁性能。但是，铁磁相含量过高会导致研磨性能的下降。

(3) 形貌与微观结构要求：磨粒相分布在铁磁性基体相的外表层，有利于提高磁性磨料的相对磁导率，且磁性磨料磨粒相的微切削刃分布应均匀一致。磁力研磨加工时具有相对一致的微切削深度，有助于提高研磨效率。单颗磁性磨粒的理想形貌是球形，且磨粒相主要分布在铁相表层，单颗磁性磨粒的理想结构模型及实际扫描电子显微镜(scanning electron microscope，SEM)形貌图如图 1-3 所示。

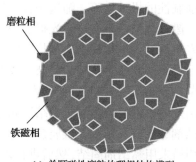

(a) 单颗磁性磨粒的理想结构模型

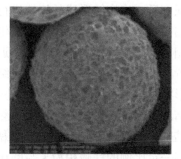

(b) 实际SEM形貌图

图 1-3 单颗磁性磨粒的理想结构模型及实际 SEM 形貌图

(4) 耐用性能要求：铁磁相和磨粒相的成分、组成比例、微观结构以及两者之间的结合能力，直接影响到磁性磨料的耐用性。在磁力研磨加工过程中，磁性磨料的磨损包括磨粒相微切削刃的正常磨耗磨损、破碎磨损以及脱落磨损。磨耗磨损是指磨粒相的微切削刃因钝化而失去研磨能力。磨耗磨损的速率与磁感应强度的平方及加工时间呈正相关。在磁力研磨过程中，若选用的磨粒相的强度和硬度足够大，与铁磁相的结合足够牢固，则一般不会发生破碎磨损和脱落磨损，其理想的磨损形式是磨耗磨损。

3. 磁性磨料的制备

磁性磨料的制备方法主要包含以下四类：①机械搅拌法；②复合材料法；③雾化法；④等离子粉末熔融法[3,30]。

1) 机械搅拌法

机械搅拌法是将铁磁性粉末（还原铁粉、雾化铁粉）、陶瓷硬质磨料粉末（氧化铝、碳化硅、氮化硼）及黏结剂（聚乙烯甘醇、油酸、硅胶）按照一定的比例在常温下进行机械搅拌，混合均匀，制备磁性磨料。该方法制备工艺简单，成本低，但是在研磨期间，磁力研磨刷与工件之间存在相对运动，致使磁性磨料解体，降低了加工效率。

2) 复合材料法

复合材料法是指根据使用性能要求，采用两种或两种以上的材料经过一定的复合工艺制备磁性磨料。现有的制备方法主要包括烧结法、黏结法、复合镀层法等。

烧结法是目前制备磁性磨料使用较多的方法，根据加工设备、工艺原理和烧结条件的不同，可分为常压烧结法、热压烧结法、激光烧结法和电炉烧结法等。常压烧结法中，先将一定比例的铁磁相粉末和磨粒相粉末充分混合均匀，再压制成具有较高密度的坯块；在惰性气体的保护下，以低于铁磁相粉末熔点的温度，使坯块处于熔而不化的状态进行烧结，进而使磨粒相与铁磁相结合，达到所需要的机械强度后，将烧结形成的坯块进行强制性的机械粉碎、筛选制备。热压烧结法是施加高压，使成型与烧结同时发生。激光烧结法是通过激光提供烧结能量，将磨粒相与铁磁相混粉在激光光斑附近发生烧结。电炉烧结法是将磨粒相与铁磁相混粉置在电炉的惰性气体中进行烧结。烧结法制备工艺较为复杂，成本高，磁性磨料形状不均匀，磨粒相易团聚、脱落，存在研磨效率低、研磨寿命短等问题。

黏结法制备磁性磨料依据所选择黏结剂的不同，分为无机黏结法和有机黏结法，黏结剂主要有陶瓷黏结剂、树脂黏结剂、橡胶黏结剂、金属黏结剂等。黏结法是先将一定比例的铁磁相粉末与磨粒相粉末用黏结剂固结，然后进行机械粉碎、筛分，制成不同粒度等级的磁性磨料。黏结法制备磁性磨料不需要预先压制成坯块及激光设备，因此其相对于烧结法制备磁性磨料较为简单，且成本低廉。该方法制备的磁性磨料的铁磁相与磨粒相的结合强度和使用温度由黏结剂决定，若在研磨过程中磁性磨料承受的冲击载荷较大，则会导致磨粒相从磁性磨料中脱落，降低磁性磨料的使命寿命。

复合镀层法是利用复合电镀或复合化学镀的方法将磨粒相颗粒均匀地附着在铁磁相镀层中，形成复合镀层，获得芯部为高磁导率的材料。复合镀层厚度通常为几十甚至上百微米，决定着磁性磨料的使用寿命。复合镀层法的主要技术难点在于铁磁相颗粒表面的去污活化及磨粒相在铁磁相颗粒表面的均匀沉积。

3）雾化法

雾化法制备磁性磨料，是先将磁性磨料的铁磁相高温熔化，在高压雾化气体的吹制下，雾化成为微小液滴，然后迅速冷却、凝固，筛选后制得磁性磨料。雾化系统结构如图 1-4 所示。雾化法可分为外加颗粒复合法和原位反应复合法。外加颗粒复合法是先将磨粒相粉末直接加入熔融态的铁磁相中，使磨粒相在铁磁相中均匀分布，然后通过高压雾化气体吹制成磁性磨料。磨粒相在熔融态铁磁性基体相中的均匀分散程度决定了制备的磁性磨料的性能。原位反应复合法是先通过元素与元素、元素与化合物之间的化学反应，在铁磁性基体相内原位生成一种或者多种高硬度的陶瓷增强相，使其进行雾化，然后通过高压雾化气体吹制成磁性磨料。原位反应复合法制备磁性磨料的主要问题是所制备的磁性磨料中磨粒相的含量较低，且粒度难以控制。

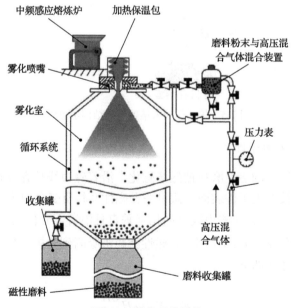

图 1-4 雾化系统结构

4）等离子粉末熔融法

图 1-5 为等离子粉末熔融系统结构示意图。等离子粉末熔融法是将铁磁相和磨粒相按预先设定的比例混合均匀后，放置在等离子粉末熔融装置的原料粉末供

料室中；等离子体发生装置电离惰性气体产生等离子体火焰，同时将混合好的原料粉末连续地喷入等离子体火焰中，使原料粉末熔化成微液滴，继而冷却、凝固成球形磁性磨粒。等离子粉末熔融法解决了铁磁相与磨粒相润湿性差及二者比重相差较大难以结合的问题，可制备出性能优异的球形磁性磨料。等离子体火焰的高温作用会使磨粒相原有的微切削刃钝化甚至消失，降低研磨能力与效率。

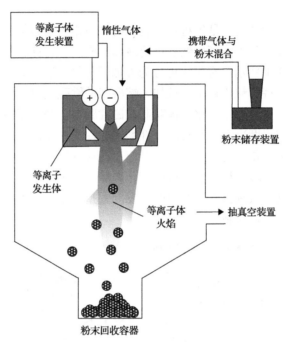

图 1-5　等离子粉末熔融系统结构示意图

4. 磁力研磨力学分析

加工间隙内填充的磁性磨料被磁场磁化，沿着磁力线整齐分布，形成柔性磁力研磨刷，压向被加工工件表面。假设一颗磁性磨粒所受合力为 F，分解为沿着磁力线方向的分力 F_x、与磁力线方向相互垂直且沿着等磁位线方向的分力 F_y，如图 1-6 所示。在合力 F 的作用下，磁性磨粒被吸附到磁极，且与磁极的运动保持一致，各力表达式如下：

$$\begin{cases} F_x = V\chi\mu_0 H \dfrac{\partial H}{\partial x} \\[2mm] F_y = V\chi\mu_0 H \dfrac{\partial H}{\partial y} \\[2mm] F = F_x + F_y \end{cases} \tag{1-1}$$

式中，V 为磨粒体积；χ 为磁性磨粒磁化率；μ_0 为空气磁导率；H 为磁场强度；$\partial H/\partial x$、$\partial H/\partial y$ 分别为沿着 x、y 方向磁场强度的变化率，即梯度。

合力 F 是一种磁场保持力，由式(1-1)可知，磁性磨粒受到的磁力 F 与磨粒体积、磁性磨粒磁化率、磁场强度以及磁场强度梯度呈正相关。因此，增加铁磁相基体的直径、选用磁性磨粒磁化率较高的铁磁相、提高加工区域内的磁场强度及梯度，均可以提高磁力，进而提高研磨效率。

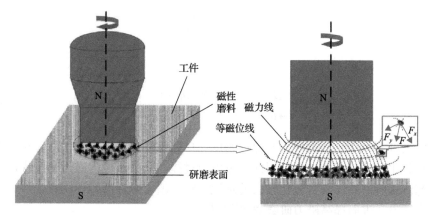

图 1-6　磁场中单颗磁性磨粒的受力模型

磁性磨粒沿着磁力线方向进行有序排列，聚集到磁极端面形成磁力研磨刷，如图 1-6 所示。磁性磨粒在磁力的作用下压向被加工工件表面，产生研磨压力 P，表达式如下：

$$P = \frac{B^2}{2\mu_0}\left(1 - \frac{1}{\mu_{\mathrm{rm}}}\right) \tag{1-2}$$

式中，B 为磁通密度；μ_{rm} 为磁性磨粒的相对磁导率。

磁性磨粒的相对磁导率 μ_{rm} 由导磁基体(铁磁相)、研磨颗粒(磨粒相)以及间隙(空气)三部分组成，根据电磁相似性原则，利用电导率测量原理，可推出：

$$\mu_{\mathrm{rm}} = \frac{\mu_\alpha}{\mu_0} \frac{1 - 2\left(V_\beta \dfrac{\mu_\alpha - \mu_\beta}{2\mu_\alpha + \mu_\beta} + V_l \dfrac{\mu_\alpha - \mu}{2\mu_\alpha + \mu}\right)}{1 + \left(V_\beta \dfrac{\mu_\alpha - \mu_\beta}{2\mu_\alpha + \mu_\beta} + V_l \dfrac{\mu_\alpha - \mu}{2\mu_\alpha + \mu}\right)} \tag{1-3}$$

式中，V_β 为研磨颗粒的体积比；V_l 为导磁基体的体积比；μ_α 为空气的相对磁导率；μ_β 为研磨颗粒的相对磁导率；μ 为导磁基体的相对磁导率。

根据电磁理论知识，有 $\mu_\alpha=\mu_\beta=\mu_0$，设 $\mu_r=\mu/\mu_0$，可得

$$\mu_{rm}=\frac{2+\mu_r-2(1-\mu_r)V_l}{2+\mu_r+(1-\mu_r)V_l} \tag{1-4}$$

一般情况下，单颗磁性磨粒中铁磁性基体相所占的体积百分比为 W，且与导磁基体的体积比的关系为 $V_l=\pi W/6$，则式(1-4)可简化为

$$\mu_{rm}=\frac{6(2+\mu_r)-2\pi(1-\mu_r)W}{6(2+\mu_r)+\pi(1-\mu_r)W} \tag{1-5}$$

将式(1-5)代入式(1-2)得

$$P=\frac{B^2}{4\mu_0}\times\frac{3\pi W(\mu_r-1)}{3(\mu_r+2)+\pi W(\mu_r-1)} \tag{1-6}$$

由式(1-6)可知，研磨压力与磁通密度和单颗磁性磨粒中铁磁性基体相所占的体积百分比呈现一定的关系。因此，可以通过提高研磨区域内磁通密度或选用铁磁性基体相所占的体积百分比较大的磁性磨粒，增大磁性磨粒作用在工件表面上的研磨压力，进而提高磁力研磨效率[31-33]。

1.3.2 磁流变光整

1. 磁流变光整原理

磁流变光整是利用含有微/纳磨粒的磁流变光整介质在梯度磁场下的磁流变效应进行加工的一种工艺。在高梯度磁场的作用下，磁流变光整介质在毫秒内转变为具有一定黏塑性的 Bingham 介质，光整介质通过工件与抛光盘的间隙时，能对工件产生持续的剪切应力，从而去除工件的表面材料。图 1-7 为典型磁流变光整加工的微观原理示意图[34]。在未添加磁场的情况下，磁性颗粒与磨粒均匀分散在基液中。施加磁场后，磁性颗粒沿着磁场方向排列，其中磨粒被紧紧把控在磁性

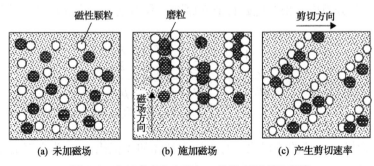

(a) 未加磁场　　　　　(b) 施加磁场　　　　　(c) 产生剪切速率

图 1-7　典型磁流变光整加工的微观原理示意图

颗粒的周围，形成紧密的结合体。工件和光整介质之间的相对运动产生剪切速率，使生成的磁性颗粒链产生滑移，磨粒在工件表面产生滑擦、滚动、切削作用，实现工件表面的微凸峰去除。

图 1-8 为磁流变光整加工装置示意图[35]。如图所示，工件位于运动轮的上方，并与运动轮之间存在固定的加工间隙。位于运动轮内部的电磁铁在加工间隙产生梯度磁场。经过搅拌装置均匀分散的磁流变光整介质在泵的作用下喷射在加工间隙中，在梯度磁场的作用下迅速从液体状态转变为固体或半固体状态，装置的旋转与摆动使固化的磁流变光整介质与工件产生相对运动，在工件的表面引起滑擦、滚动，从而实现工件表面微凸峰的去除，达到工件的精密与超精密加工。当磁流变光整介质随着运动轮的转动离开梯度磁场区域时，磁流变光整介质恢复其原有的流体性质，通过回收装置将磁流变光整介质储存在搅拌装置中，供磁流变光整介质循环利用。

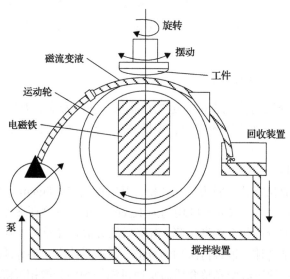

图 1-8　磁流变光整加工装置示意图

2. 磁流变光整介质的组成

磁流变光整介质是一种新型智能材料，具有独特的磁场可控性，主要成分包含分散相、基液和添加剂。磁流变光整介质是将分散相均匀地分散在基液中，形成稳定的颗粒悬浮液，同时加入一些添加剂确保分散相稳定，防止颗粒团聚与沉降[36,37]。

分散相主要包含磁性颗粒和磨粒两部分。磁性颗粒在外磁场的作用下发生极化现象，产生磁流变效应。所选的磁性颗粒应具备较高的磁化率、磁饱和强度、磁感应强度、稳定性以及低磁滞率等特性。一般采用微米尺寸的顺磁颗粒或软磁材料的球形颗粒。目前，广泛使用的磁性颗粒为羰基铁粉、四氧化三铁、铁合金等。磨粒直接作用于被加工零部件的表面，对零部件表面的微凸峰进行去除。磨粒的粒度、硬度和稳定的物理化学性能对加工质量及加工效率起决定性作用。通常根据被加工零部件的材质选取不同的磨粒，一般选用平均粒径为 0.01～10μm 且莫氏硬度较高的金刚石、立方氮化硼、碳化硅、氧化铝或氧化铈。

基液具备优良的化学性能，具有温度稳定、熔点低、沸点高、耐腐蚀、不挥发、无毒、无污染、流体黏度适宜等优点，一般采用化学、物理稳定性能较好的非磁性基载液，如硅油、合成油、矿物油、水和无水乙醇等。

添加剂主要包括表面活性剂与触变剂。表面活性剂采用"相似相溶"的原则选取，即亲水基的表面活性剂与颗粒的结构相近，亲油基的表面活性剂与基液的结构相近。通过在分散相颗粒表面形成保护膜及与基液相容的溶剂层，改善颗粒表面在基液中的湿润能力，提高颗粒悬浮液的稳定性，抑制颗粒的团聚与沉降。同时，添加触变剂可调节磁流变光整介质在零场强度下的黏度。常用的添加剂包括偶联剂、乳化剂、油酸、氟醚酸、磺酸盐、聚乙二醇和羟基聚二甲基硅氧烷等。

3. 磁流变光整介质的性能

磁流变光整介质的性能直接决定光整质量和使用寿命，判断其性能的指标主要包含沉降稳定性、剪切屈服应力、零场黏度、连续可逆性、响应时间和工作温度范围等[38,39]。

1)沉降稳定性

磁流变的分散相颗粒一般为羰基铁粉，其密度为 7～8g/cm³，而作为基液的硅油、无水乙醇、矿物油、水的密度均约为 1g/cm³。由于密度存在差异，磁流变光整介质中均匀悬浮的分散相会逐渐沉降，沉降后的分散相在重力及颗粒表面张力的作用下形成紧密的结合体，很难再次均匀分散，影响磁流变光整介质的加工性能，甚至失效。性能优异的磁流变光整介质通常通过添加剂使分散相沉降缓慢，甚至达到理想状态下的沉降现象消失。影响沉降现象的因素主要包括分散相的体积与体积分数、基液的初始黏度、分散相颗粒与基液的密度差以及粒子之间的相互作用。

2)剪切屈服应力

剪切屈服应力为磁流变光整介质在外加磁场作用下克服外力作用所表现出的剪切应力。在磁场作用下，磁流变光整介质的表观黏度发生剧烈变化，甚至在磁场强度达到某一临界值时，流体发生固化现象，表现出固体所特有的屈服现象，具有一定的抗剪切能力。磁流变光整介质的本构关系通常采用黏塑性流体模型，又称 Bingham 塑性流体模型来表示，屈服后的流变行为表现为牛顿流体的特征，具有恒定的塑性黏度，其表达式为

$$\begin{cases} \tau = \tau_y(H)\mathrm{sgn}(\dot{\gamma}) + \eta\dot{\gamma}, & \tau \geqslant \tau_y \\ \dot{\gamma} = 0, & \tau < \tau_y \end{cases} \tag{1-7}$$

式中，τ 为剪切应力；η 为零磁场黏度；τ_y 为磁流变光整介质的剪切屈服应力；$\tau_y(H)$ 为磁场强度 H 的函数；$\dot{\gamma}$ 为剪切速率。

　　磁流变光整介质在屈服后的黏度行为表现出比 Bingham 塑性模型线性预测结果更复杂的特性。为了更加精确地定义这种行为，通常采用 Herschel-Bulkey 模型重新定义，其表达式为

$$\eta = \begin{cases} k\dot{\gamma}^{n-1}, & \tau \geqslant \tau_y \\ 0, & \tau < \tau_y \end{cases} \tag{1-8}$$

$$\tau = \tau_y + k\dot{\gamma}^n$$

式中，k 为 Herschel-Bulkey 系数；n 为流变指数。

　　当 $n>1$ 时，随着剪切速率的增长，流变特性表现为剪切增稠；当 $0<n<1$ 时，流变特性表现为剪切稀化；当 $n=1$ 时，表现为 Bingham 塑性，黏度为定值。

　　性能优异的磁流变光整介质通常要求具有较高的剪切屈服应力。影响剪切屈服应力的主要因素包括磁场强度、饱和磁化强度、分散相颗粒的直径和体积分数等。

　　3) 零场黏度

　　零场黏度为磁流变光整介质在外加磁感应强度为 0mT 时所呈现出的表观黏度。在低浓度时，零场黏度可以通过 Einstein 方程表示，其表达式为

$$\eta = \eta_0(1 + 2.5)\varphi \tag{1-9}$$

式中，η_0 为基液黏度；φ 为分散相颗粒体积分数。

　　在高浓度时，零场黏度可以通过 Vand 方程表示，其表达式为

$$\eta = \eta_0 \exp[(2.5\varphi + 2.5\varphi^2)/(1 - 0.609\varphi)] \tag{1-10}$$

　　通过式(1-9)和式(1-10)可以看出，零场黏度的决定因素为基液黏度与分散相颗粒体积分数。

　　4) 连续可逆性

　　磁流变光整介质在附加磁场时，可以在短时间(毫秒级)内从自由流动的液体转变为类固体；磁场消失时，又恢复到原来的自由流动的状态。这种变化应该是连续且可逆的，以便提高磁流变光整介质的仿形加工特性，同时利于磁流变光整介质的回收与循环利用，满足绿色制造的主旨。

　　5) 响应时间

　　磁流变光整加工时，通常要求磁流变光整介质对磁场强度的变化拥有较高的

响应速度。磁流变光整介质虽然可在短时间(毫秒级)内从自由流动的液体转变为类固体，但是会受到线圈励磁速度和励磁回路设计的影响。

6) 工作温度范围

磁流变光整介质在最适宜的温度范围内才能展现出优异的光整性能。一般来说，磁流变光整介质的工作范围主要取决于基液与添加剂的适用温度。对于水基、油基磁流变光整介质，其工作温度范围小于 100℃，可以满足正常的温度要求。对于特殊情况下的工作温度，需要考虑基液与添加剂最适宜温度的影响。

4. 磁流变光整介质的流变理论

从微观角度分析磁流变效应的产生，磁场区域内的磁流变光整介质由于梯度磁场的作用，磁性颗粒被迅速磁化并沿着磁场方向约束成链束状结构，阻碍原有流体的正常流动，呈类固态或固态。对于磁流变效应机理的解释，主要包括磁畴理论、相变理论以及偶极矩理论[40]。

1) 磁畴理论

在磁畴理论中，磁流变介质中的磁性颗粒被认为是磁体，磁体中相邻原子间存在强交换耦合作用，促使相邻原子的磁矩平行排列，形成自发饱和区域，即磁畴。无外加磁场作用时，不同磁畴的磁矩方向不同，颗粒不显磁性；在弱磁场强度的作用下，磁畴的磁矩方向与磁场方向的角度缩小，颗粒呈现弱磁性，相互吸引形成链。随着磁场强度的不断增加，磁畴的磁矩方向逐渐沿着磁场方向进行排布，磁性颗粒的磁性增强，导致相互吸引形成的链束状结构更加稳定。该理论仅作为理论上的解释，在实际计算中难以应用。

2) 相变理论

相变理论认为，在零磁场作用下，弥散在基液中的悬浮颗粒分布为随机分布，其迁徙与运动受热波动的影响，为自由相。在梯度磁场的作用下，颗粒被磁化，磁性颗粒相互靠拢并沿着磁场方向进行有序排列，形成链束状结构，变为有序相。随着磁场强度的增大，以逐渐形成的长链为核心，吸收短链，使链变粗，转变为固态相。该理论解释了链束状结构变粗的现象，但无法对链强度的问题做出解释。

3) 偶极矩理论

偶极矩理论认为，磁性颗粒在磁场作用下产生极化现象并形成磁偶极子，磁偶极子之间相互吸引运动，并沿着磁场方向进行有序排列，形成链束状结构。偶极矩理论的基础为静磁相互作用，形式简单，便于计算分析。该理论可以解释链束状结构变强的原因，但无法解释链变粗的过程，也不能解释屈服强度与粒径之间的关系。

1.3.3　磁场辅助复合场光整

为了保证磁场辅助光整加工的表面质量，提高光整加工效率，应结合不同加工技术的优势或引入额外的动力场，开展复合或组合光整加工，比较典型的是基于超声振动、电化学、磁流变技术的复合光整技术。

1. 超声辅助磁力研磨/磁流变光整

超声辅助光整加工是将振动频率超过 20000Hz 的高频振动通过超声波装置引入加工过程。在超声辅助磁力研磨加工中，高频振动主要通过两种方式作用于光整加工：一种是将高频振动垂直作用于工件表面，通过将振动传递给磁性磨粒，从而增加研磨压力，促进磁性介质的翻滚更新；另一种是将高频振动平行作用于工件表面，变幅杆直接带动工件进行高频往复振动，增大磁性磨粒对工件表面微观凸起的剪切力，从而提高加工效果，改善表面质量[41]。可以同时使用两个或者两个以上的超声波装置实现两种作用方式的协调振动，达到提高研磨压力与剪切力的效果，这类装置结构较为复杂。在超声辅助磁流变光整加工中，高频振动可以提高研磨压力与剪切力，由于磁流变光整介质含有基液、添加剂等液体成分，超声振动的作用使液体成分产生紊流现象，改变磁流变光整介质的速度与方向，增加其动能。同时，液体在超声环境下产生空化效应，空化泡溃破之后产生的高压射流推动液体和磨粒高速冲击工作表面，实现光整加工的高效去除[42]。

超声辅助磁力研磨装置如图 1-9 所示，由超声波发生器、换能器、集电环、变幅杆组成的旋转超声系统垂直安装于工件表面，磁场发生器固定于变幅杆的末

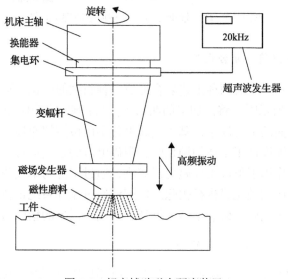

图 1-9　超声辅助磁力研磨装置

端，旋转超声系统带动磁场发生器高频振动及旋转[10]。填充在工件与磁场发生器间隙内的磁性磨料由于磁场力的作用形成柔性磁力研磨刷，控制超声波发生器的超声波以纵波的形式传播，经过换能器转换成高频机械振动，振幅经变幅杆放大后传递给磁场发生装置，该高频振动给柔性磁力研磨刷提供能量，增加研磨压力，促进磁性介质的翻滚更新，使磁性磨料冲击工件表面，提高工件表面质量。

图 1-10 为超声辅助磁流变光整加工原理示意图[43]，该装置利用小直径的抛光头端面进行小曲率半径凹曲面的纳米级抛光。可旋转的抛光头集成于超声振动装置上，通入磁流变液，在高梯度磁场的作用下，抛光头表面形成具有一定去除能力的柔性磁力研磨刷。超声振动装置带动抛光头进行高频振动，将高频振动能量直接作用于抛光加工区域，提高抛光效率。

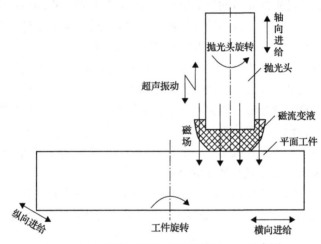

图 1-10　超声辅助磁流变光整加工原理示意图

2. 电化学磁力研磨复合抛光

将电化学与磁力研磨两种工艺复合形成一种新型的电化学磁力研磨复合抛光工艺，如图 1-11 所示[44]。将待加工的曲面工件与直流电源阳极相连，直流电源的阴极浸入工件表面的电解液中，基于金属电化学阳极溶解原理，工件表面在电解液的作用下形成硬度低于基体的钝化膜，阻碍电解的继续进行。电解液中的磁性磨料在磁场力的作用下形成柔性磁力研磨刷，通过工件与柔性磁力研磨刷之间的相对运动，对形成的钝化膜进行去除。电解液通过循环系统重新流到加工区域，通过电解—研磨—电解—研磨不断的循环，达到所需要的精度与表面质量要求。

3. 基于磁流变技术的复合光整

美国罗切斯特大学光学制造中心的 Tricard 等[45]基于液体射流技术及磁流变光

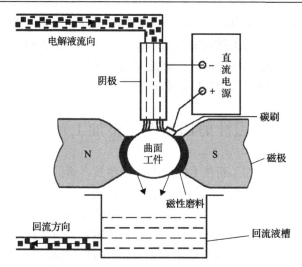

图 1-11　电化学磁力研磨复合抛光示意图

整技术，提出了一种新型的磁射流光整加工技术。该技术采用磁流变光整介质为工作液体束流，利用外加磁场对喷射出的磁流变光整介质形态进行控制，解决了液体射流技术在喷射加工时易被干扰的问题。磁流变光整介质经过高压泵加速后，以极高的初速度喷射到待加工表面，拥有极高动能的磨粒冲击、去除工件表面微观凸起，降低表面粗糙度，提高加工质量，改善表面质量。

　　Jain 等结合磨料流加工技术及磁流变光整技术，提出了磁流变磨料流光整加工技术[46,47]。磁流变磨料流光整加工原理示意图如图 1-12 所示。该技术采用磁流变光整介质代替传统磨料介质，磁流变光整介质填充在液压缸中。当液压缸的活塞开始运动时，液压力推动磁流变光整介质向磁场区域运动。磁流变光整介质流

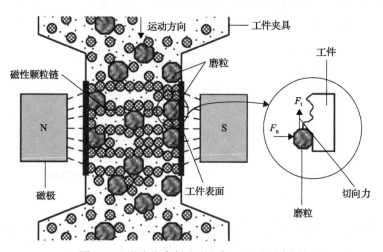

图 1-12　磁流变磨料流光整加工原理示意图

经磁场区域时，在短时间内(毫秒级)转换为 Bingham 体，紧紧沿着工件内表面进行挤压运动，磨粒直接与工件表面微凸峰接触，实现工件表面微观凸起的去除。当磁流变光整介质流过磁场区域时，磁流变光整介质恢复为流体状态，随着上下往复冲程的增大，工件表面粗糙度逐渐减小。

1.4 磁性剪切增稠光整加工新技术

磁性剪切增稠光整加工新技术围绕现有光整技术所面临的光整周期长、自动化程度低、材料去除均一性差、超粗糙表面难光整、尺寸精度不易控制等共性难题，研制具有"剪切增稠"与"磁化增强"双重效应的磁性剪切增稠智能复合材料的新型光整介质，采用非牛顿流体基液、磁性颗粒以及高性能的磨粒制备智能磁性剪切增稠光整介质，利用新型光整介质在"剪切增稠"与"磁化增强"双重效应下形成"增强柔性仿形粒子簇"，从而进行高效、高质光整加工[48-81]。

"剪切增稠"效应利用非牛顿流体在不同应力场的流变特性调控磁性剪切增稠光整介质，其原理示意图如图 1-13 所示。流变特性(黏度)的改变可达几个数量级，具有响应速度快、过程可逆等特性。"剪切增稠"效应产生的转换机理认为，剪切增稠体系受到较小剪切作用时，粒子的有序程度得到提高，运动的剧烈程度从靠近剪切力的一边逐渐向内部减弱，从而使剪切增稠流体出现分层的现象，表现出剪切稀化。当剪切作用变大时，有序结构被破坏且聚集，从而出现剪切增稠现象。基于水合粒子簇理论，体系中粒子间的网状结构被破坏，从而出现变稀现象。当剪切速率达到临界值时，已经破坏的网状结构会突破相互间的作用力而聚集在一起形成"粒子簇"。"粒子簇"之间存在一道分散介质的液层，阻碍"粒子簇"的运动，导致流体间的内摩擦力逐渐增大，表现出黏度的急剧增大。这种"剪切增稠"效应在光整区域内产生"增强粒子簇"，提高对磨粒的把控能力。

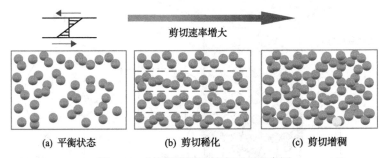

剪切速率增大

(a) 平衡状态　　(b) 剪切稀化　　(c) 剪切增稠

图 1-13 "剪切增稠"效应原理示意图

"磁化增强"效应利用磁性颗粒在磁场作用下产生极化现象，控制磁性剪切增稠光整介质的工作形态，其原理示意图如图 1-14 所示。在无磁场作用下，磁性剪切增稠光整介质呈现出牛顿流体状态。当附加磁场时，磁性颗粒迅速产生极化现象并沿磁力线方向排列，磁性剪切增稠光整介质在短时间内(毫秒级)从流体状态转换为类固态。这种"磁化增强"效应在光整区域内产生"柔性仿形粒子簇"，进一步提高了对磨粒的把持强度。

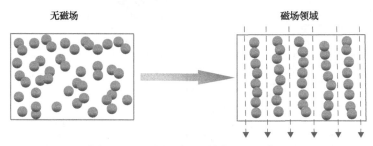

图 1-14　　"磁化增强"效应原理示意图

1.4.1　磁性剪切增稠光整加工原理

磁性剪切增稠光整加工新技术是指结合非牛顿流体及磁流变液在应力场与磁场下的被动响应优势，研制具有"剪切增稠"与"磁化增强"双重刺激响应的磁性剪切增稠光整新介质，利用磁场与应力场驱动下的磁性剪切增稠光整介质形成"增强柔性仿形粒子簇"，从而进行磁性剪切增稠光整加工。磁性剪切增稠光整加工原理示意图如图 1-15 所示。

磁性剪切增稠光整介质由磨粒、磁性颗粒、分散相、分散介质和添加剂等组成。磁性剪切增稠光整加工时，光整介质填充在磁性剪切增稠光整加工系统(图 1-15(a))的磁场发生工具与被加工工件所形成的加工间隙中，在磁场发生工具的磁场作用下沿着磁力线方向聚集在工件的表面生成"柔性仿形粒子簇"，如图 1-15(b)所示。当磁性剪切增稠光整加工系统控制驱动磁性剪切增稠光整介质与工件表面的微凸峰接触、碰撞、挤压作用时，新型磁性剪切增稠介质在反切向载荷阻抗力及磁场耦合作用下迅速发生剪切增稠的"群聚效应"，在"柔性仿形粒子簇"中产生"增强粒子簇"，进一步提高对磨粒的把持强度，形成"增强柔性仿形粒子簇"，工件表面微凸峰处形成的反切向载荷阻抗力因"群聚效应"增强而增大，当超过材料临界屈服应力时，工件表面微凸峰被"增强柔性仿形粒子簇"微/纳磨粒去除，如图 1-15(c)所示；当越过并去除了工件表面微凸峰时，"群聚效应"弱化，"增强柔性仿形粒子簇"恢复至初始状态，如图 1-15(d)所示。当磨粒再次接触工件表面微凸峰时，光整加工会重复接触阶段、去除阶段、恢复阶段的过程，在"剪切增稠"与"磁化增强"双重作用下形成的"增强柔性仿形粒子簇"往复循环去除工件表面的微凸峰，从而实现工件表面材料光整去除。该新型磁性剪切增稠光整技术能够有效克服传统磁场辅助光整加工存在的光整周期长、自动化程度低、材料去除均一性差、超粗糙表面难光整、尺寸精度不易控制等共性难题。

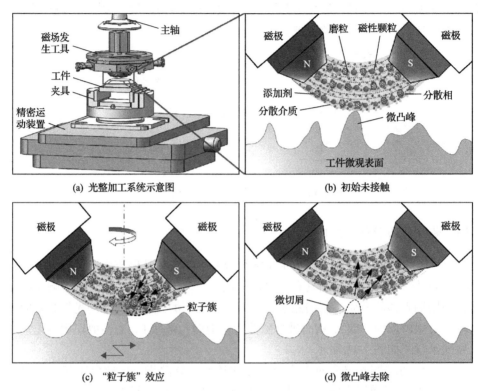

(a) 光整加工系统示意图　　　(b) 初始未接触

(c) "粒子簇"效应　　　(d) 微凸峰去除

图 1-15　磁性剪切增稠光整加工原理示意图

1.4.2　技术特点及优势

磁性剪切增稠光整加工技术利用磁性剪切增稠光整介质的可控流变特性，在非均匀分布的磁场作用下，形成具有一定硬度与弹性的"柔性仿形粒子簇"，同时在剪切应力的作用下，出现"剪切增稠"现象。基于"磁化增强"与"剪切增稠"的双重效应，磁性剪切增稠光整介质转换为"增强柔性仿形粒子簇"。通过调控磁场与剪切应力场改变其流变特性，进而实现稳定、低/无损伤的高效率光整加工。磁性剪切增稠光整加工技术的主要特点及优势如下：

（1）磁性剪切增稠光整介质可控性强。传统的磁场辅助光整加工仅依靠调节磁场的强度改变光整介质的形态。磁性剪切增稠光整介质在磁场与剪切应力场共同刺激作用下生成"增强柔性仿形粒子簇"，可通过调节磁场和剪切应力场改变光整介质的形态。

（2）磨粒的把控能力更强。传统的磁性介质在高剪切应力场的作用下，流变特性变差且磁场对磨粒把控能力变弱。磁性剪切增稠光整介质在高剪切的光整条件下,剪切增稠相会产生增稠效应,增强对磨粒的把控强度,材料去除率高。

(3)易于实现自动化控制。磁性剪切增稠光整介质在磁场与应力场作用下具有独特的仿形能力,因此无须精确控制光整工具相对于被加工工件的位置。通过调节磁场强度,可以改变控制运动平台的运动方式与速率,从而改变"增强柔性仿形粒子簇"的作用形态,实现光整加工过程的自动化控制。

(4)加工对象适应性强。"增强柔性仿形粒子簇"具有特有的柔性,适用于光整加工自由曲面、复杂曲面、微细结构、螺旋结构等具有复杂结构特征的零部件,同时对弯管、U 形管、非直异形盲孔等零部件内表面光整加工具有显著的优势,可以实现复杂结构零部件/构件材料的均一性去除。

(5)加工表面/亚表面质量优越。磁性剪切增稠光整介质具有黏弹性流体的特性及其优异的可控制性,因此作用于工件表面的压应力具有较高的可控性,可产生微纳级的切削深度,获得纳米级的表面质量,减小甚至避免对工件亚表面产生损伤。

(6)光整去除函数稳定。精确控制磁场的强度及相对运动的剪切速率,可以得到稳定的黏弹性光整流体,进而获取稳定的材料去除函数,提高材料去除的均一性,有助于获得较高的形状精度。

(7)光整工艺绿色低成本。磁性剪切增稠光整介质对环境无污染,可循环利用,光整介质通过循环系统不断进行更新,微纳切屑、光整热量被不断地循环带走,具有清洗与冷却的作用,工艺成本较低。

参 考 文 献

[1] 杨胜强. 表面光整加工理论与新技术. 北京: 国防工业出版社, 2011.

[2] Kumari C, Chak S K. A review on magnetically assisted abrasive finishing and their critical process parameters. Manufacturing Review, 2018, 5(13): 1-16.

[3] 尹韶辉. 磁场辅助超精密光整加工技术. 长沙: 湖南大学出版社, 2009.

[4] 陈逢军, 尹韶辉, 王宇. 结合 ELID 磨削与 MAF 工艺对复杂曲面的加工控制. 中国机械工程, 2008, (22): 2657-2661.

[5] 潘韩飞, 卢文壮, 刘森, 等. 研磨硬脆材料的金刚石磁性磨料制备. 机械制造与自动化, 2017, 46(4): 5-8.

[6] Li X H, Yang S C. Mechanism research on the swirling air flow compounded with magnetic-field finishing. Advanced Materials Research, 2008, 407-408: 658-661.

[7] Li X H, Yang S Q, Yang S C, et al. Simulation research on the swirling airflow compounded with magnetic-field finishing. Key Engineering Materials, 2009, 407: 658-661.

[8] Zhang G X, Zhao Y G, Zhao D B, et al. Preparation of white alumina spherical composite magnetic abrasive by gas atomization and rapid solidification. Scripta Materialia, 2011, 65(5): 416-419.

[9] Gao Y G, Zhao Y G, Zhang G G. Preparation of Al_2O_3 magnetic abrasive by gas-solid two-phase double-stage atomization and rapid solidification. Materials Letters, 2018, 215: 300-304.

[10] 陈燕, 刘昭前, 王显康. 超声波振动辅助磁力研磨加工研究. 农业机械学报, 2013, 44(10): 294-298.

[11] 陈燕, 曾加恒, 钱之坤, 等. 超声复合磁力研磨异型管参数优化设计及分析. 表面技术, 2019, 48(3): 268-274.

[12] Kordonski W I, Jacobs S D. Magnetorheological finishing. International Journal of Modern Physics B, 1996, 10(23-24): 2837-2848.

[13] 陈逢军, 尹韶辉, 余剑武, 等. 磁流变光整加工技术研究进展. 中国机械工程, 2011, 22(19): 2382-2392.

[14] 张峰, 余景池, 张学军, 等. 磁流变抛光技术. 光学精密工程, 1999, 5: 1-8.

[15] 彭小强, 戴一帆, 李圣怡, 等. 回转对称非球面光学零件磁流变成形抛光的驻留时间算法. 国防科技大学学报, 2004, (3): 89-92.

[16] 石峰, 戴一帆, 彭小强, 等. 基于矩阵运算的光学零件磁流变加工的驻留时间算法. 国防科技大学学报, 2009, 31(2): 103-106.

[17] 张峰, 张学军, 余景池, 等. 磁流变抛光数学模型的建立. 光学技术, 2000, (2): 190-192.

[18] 李龙响, 郑立功, 邓伟杰, 等. 应用四轴联动磁流变机床加工曲面. 光学精密工程, 2015, 23(10): 2819-2826.

[19] 左巍, 张云, 冯之敬, 等. 公自转磁流变抛光循环装置及其稳定性. 清华大学学报(自然科学版), 2010, 50(7): 1000-1004.

[20] 尹韶辉, 徐志强, 陈逢军, 等. 小口径非球面斜轴磁流变抛光技术. 机械工程学报, 2013, 49(17): 33-38.

[21] Zhang F H, Wang H J, Luan D R, et al. Research on material removal of ultrasonic-magnetorheological compound finishing. International Journal of Machining and Machinability of Materials, 2007, 2(1): 50-58.

[22] 潘继生, 阎秋生, 路家斌, 等. 集群磁流变平面抛光加工技术. 机械工程学报, 2014, 50(1): 205-212.

[23] 白振伟, 阎秋生, 徐西鹏. 集群磁流变效应平面抛光力特性试验研究. 机械工程学报, 2015, 51(15): 190-197.

[24] 聂磊, 宋晶, 马景陶, 等. 溶胶-凝胶法制备氮化硅陶瓷微球. 陶瓷学报, 2021, 42(5): 819-824.

[25] Li W H, Li X H, Yang S Q, et al. A newly developed media for magnetic abrasive finishing process: Material removal behavior and finishing performance. Journal of Materials Processing Technology, 2018, 260: 20-29.

[26] 白杨, 张峰, 邓伟杰, 等. 磁流变抛光液的配制及其抛光稳定性. 光学学报, 2014, 34(4): 185-192.

[27] Laroux K G. Using magnetic abrasive finishing for deburring produces parts that perform well and look great. Alluring and Deburring, 2008. https://www.yumpu.com/en/document/read/11479441[2021-11-17].

[28] Yamaguchi H, Shinmura T. Internal finishing process for alumina ceramic components by a magnetic field assisted finishing process. Precision Engineering, 2004, 28(2): 135-142.

[29] Qian C, Fan Z H, Tian Y B, et al. A review on magnetic abrasive finishing. The International Journal of Advanced Manufacturing Technology, 2021, 112(3-4): 619-634.

[30] 张桂香. 雾化快凝磁性磨料制备及其磁力光整加工性能研究. 南京: 南京航空航天大学, 2012.

[31] 李秀红. 基于磁场特性的内孔表面光整新技术理论分析与实验研究. 太原: 太原理工大学, 2010.

[32] 陈春增. 磁力光整加工镍基高温合金机理及基础试验研究. 淄博: 山东理工大学, 2016.

[33] 张鹏. 磁力光整加工铝镁合金基础试验研究. 淄博: 山东理工大学, 2018.

[34] Jain V K. Abrasive-based nano-finishing techniques: An overview. Machining Science and Technology, 2008, 12(3): 257-294.

[35] Jain V K. Magnetic field assisted abrasive based micro-nano-finishing. Journal of Materials Processing Technology, 2009, 209(20): 6022-6038.

[36] 白杨. 磁流变抛光液的研制及去除函数稳定性研究. 长春: 中国科学院长春光学精密机械与物理研究所, 2015.

[37] 周峰. 磁流变液的制备及其稳定性研究. 上海: 上海工程技术大学, 2016.

[38] 刘加福. 磁流变液制备及其性能评价方法研究. 哈尔滨: 哈尔滨工业大学, 2008.

[39] 陈飞. 磁流变液制备及动力传动技术研究. 北京: 中国矿业大学, 2013.

[40] 李海涛, 彭向和, 何国田. 磁流变液机理及行为描述的理论研究现状. 材料导报, 2010, 24(3): 121-124.

[41] 刘文浩, 陈燕, 李文龙, 等. 磁粒研磨加工技术的研究进展. 表面技术, 2021, 50(1): 47-61.

[42] 李华, 任坤, 殷振, 等. 超声振动辅助磨料流抛光技术研究综述. 机械工程学报, 2021, 57(9): 233-253.

[43] 王慧军, 张飞虎, 赵航, 等. 超声波磁流变复合抛光中几种工艺参数对材料去除率的影响. 光学精密工程, 2007, (10): 1583-1588.

[44] 李敏, 袁巨龙, 吴喆, 等. 复杂曲面零件超精密加工方法的研究进展. 机械工程学报, 2015, 51(5): 178-191.

[45] Tricard M, Kordonski W I, Shorey A B, et al. Magnetorheological jet finishing of conformal, freeform and steep concave optics. CIRP Annals-Manufacturing Technology, 2006, 55(1): 309-312.

[46] Jha S, Jain V K, Koamanduri R. Effect of extrusion pressure and number of finishing cycles on surface roughness in magnetorheological abrasive flow finishing (MRAFF) process. International Journal of Advanced Manufacturing, 2007, 33(7-8): 725-729.

[47] Manas D, Jain V K, Ghoshdastidar P S. Analysis of magnetorheological abrasive flow finishing (MRAFF) process. International Journal of Advanced Manufacturing, 2008, 38(5-6): 613-621.

[48] 刘志强. 微细结构表面新型光整方法与工艺试验研究. 淄博: 山东理工大学, 2018.

[49] 石晨. 基于多磁极耦合的新型光整加工装置及工艺试验研究. 淄博: 山东理工大学, 2020.

[50] 石晨, 田业冰, 范增华, 等. 钛合金表面多磁极耦合旋转磁场光整加工特性. 中国机械工程, 2020, 31(12): 1415-1420.

[51] 周强. 微细结构表面磁性剪切增稠光整加工工艺试验研究. 淄博: 山东理工大学, 2021.

[52] 周强, 田业冰, 范增华, 等. 磁性剪切增稠光整介质的制备与加工特性研究. 表面技术, 2021, 50(7): 367-375.

[53] 周强, 田业冰, 于宏林, 等. 超粗糙氧化锆复合陶瓷磁性剪切增稠光整加工特性. 材料导报, 2021, 35(S2): 97-100.

[54] 范增华, 田业冰, 石晨, 等. 多磁极旋转磁场的钛合金表面磁性剪切增稠光整加工特性. 表面技术, 2021, 50(12): 54-61.

[55] 刘志强, 田业冰, 范增华, 等. 钛合金表面磁场辅助光整加工新型装置研究. 2018 年中国(国际)光整加工技术及表面工程学术会议暨高性能零件光整加工技术产学研论坛, 贵阳, 2018.

[56] 田业冰. 难加工材料"高剪低压"磨削与磁场辅助新型光整加工技术(特邀报告). 2019 年中国机械工程学会生产工程分会(光整加工)工作会议暨高性能零件光整加工技术产学研用高层论坛, 新乡, 2019.

[57] Tian Y B, Fan Z H, Shi C, et al. Experimental investigations of magnetic shear thickening finishing (MSTF) for microstructure surface. Proceedings of the International Symposium on Extreme Optical Manufacturing and Laser-Induced Damage in Optics, Chengdu, 2018.

[58] Tian Y B, Fan Z H, Zhou Q, et al. A novel magnetic shear thickening finishing method, tool and media. International Association of Advanced Materials (IAAM) Fellow Lecture in the Advanced Materials Lectures Serials, Zibo, 2020.

[59] Tian Y B. A novel magnetic shear thickening finishing method, media and finishing characteristics. The 6th International Symposium on Micro/nano Mechanical Machining and Manufacturing (ISMNM 2021), Chongqing, 2021.

[60] Sun Z G, Fan Z H, Tian Y B, et al. Experimental investigations on the magnetorheological shear thickening finishing for sine surface. Proceedings of the 7th International Conference on Nanomanufacturing, Xi'an, 2021.

[61] Tian Y B. A novel magnetic shear thickening finishing method, magnetic tool, media and finishing characteristics for difficult-to-machine materials. The 16th China-Japan International Conference on Ultra-Precision Machining Processes (CJUPM 2022), Jinan, 2022.

[62] Qian C, Tian Y B, Fan Z H, et al. Investigation on rheological characteristics of magnetorheological shear thickening fluids mixed with micro CBN abrasive particles. Smart Materials and Structures, 2022, 31(9): 095004.

[63] Sun Z G, Fan Z H, Tian Y B, et al. Post-processing of additively manufactured microstructures using alternating-magnetic field-assisted finishing. Journal of Materials Research and Technology, 2022, 19(6-7): 1922-1933.

[64] Fan Z H, Tian Y B, Zhou Q, et al. A magnetic shear thickening media in magnetic field-assisted surface finishing. Proceedings of the Institution of Mechanical Engineers, Part B: Journal of Engineering Manufacture, 2020, 234(6-7): 1069-1072.

[65] Fan Z H, Tian Y B, Zhou Q, et al. Enhanced magnetic abrasive finishing of Ti-6Al-4V using shear thickening fluids additives. Precision Engineering, 2020, 64: 300-306.

[66] Tian Y B, Shi C, Fan Z H, et al. Experimental investigations on magnetic abrasive finishing of Ti-6Al-4V using a multiple pole-tip finishing tool. International Journal of Advanced Manufacturing Technology, 2020, 106(5): 3071-3080.

[67] Fan Z H, Tian Y B, Liu Z Q, et al. Investigation of a novel finishing tool in magnetic field assisted finishing for titanium alloy Ti-6Al-4V. Journal of Manufacturing Processes, 2019, 43: 74-82.

[68] 田业冰, 孙志光, 范增华, 等. 一种振动光整装置及方法: ZL202110101382.7. 2022-09-16.

[69] 田业冰, 范增华, 周强, 等. 一种基于磁场辅助的微细结构振动光整装置及光整方法: ZL202011022513.4. 2022-09-06.

[70] 田业冰, 孙志光, 范增华, 等. 一种基于交变磁场的复杂曲面磁场辅助光整装置及方法: ZL202110101410.5. 2022-05-13.

[71] 田业冰, 范增华, 石晨, 等. 一种基于并联机构的复杂曲面磁场辅助光整装置及方法: ZL201810798114.3. 2021-04-20.

[72] 田业冰, 范硕, 赵玲玲, 等. 一种非直异性盲孔光整加工方法及其装置: ZL2017100024283. 2019-05-24.

[73] 田业冰, 范增华, 刘志强, 等. 一种自动化磁场辅助光整加工装置及方法: ZL201810500509.0. 2018-04-24.

[74] 田业冰, 范增华, 刘志强, 等. 一种微细结构化表面光整加工方法、介质及装置: ZL201710002212.7. 2019-01-01.

[75] Tian Y B, Fan Z H, Zhou Q, et al. Magnetic field-assisted vibratory finishing device for minute structure and finishing method: US17/391,210. 2021-08-02.

[76] Tian Y B, Qian C, Fan Z H, et al. Controllable magnetic field-assisted finishing apparatus for inter surface and method: US17/391,277. 2021-08-02.

[77] 田业冰, 钱乘, 范增华, 等. 一种基于可控磁场的内表面磁场辅助光整装置及方法: CN202110101408.8. 2021-04-23.

[78] 田业冰, 钱乘, 马振, 等. 一种磁性剪切增稠抛光介质及其制备方法: CN202111338030.X. 2021-11-12.

[79] 田业冰, 马振, 钱乘, 等. 一种基于磁场耦合的双向协同振动抛光装置及方法: CN202111064044.7. 2021-09-10.

[80] 田业冰, 孙志光, 范增华, 等. 一种复合振动磁场辅助光整加工装置: ZL202120857123.2. 2021-12-07.

[81] 马振, 田业冰, 钱乘, 等. 一种振动辅助磁性剪切增稠抛光装置: ZL202122353083.0. 2022-02-11.

第2章　磁性剪切增稠光整加工机理

2.1　磁性剪切增稠光整加工数学模型

2.1.1　剪切增稠理论与数学模型

剪切增稠相通过纳米或微米尺寸的分散相颗粒分散到极性介质中，形成对外界刺激具有特殊响应的智能性流体。在剪切作用下，黏度随着剪切速率的增大急剧增大，可达到多个数量级，表现出黏弹性行为，具有响应速度快、过程可逆、无需外部能量源等特性。这种特殊的黏度特性，定义为剪切增稠。图 2-1 为剪切增稠相的黏度随剪切速率变化的曲线(黏度-剪切速率变化曲线)示意图。随着剪切速率的增加，存在三个特征区域，分别为低于临界剪切速率的剪切稀化区域(区域Ⅰ)、超过临界剪切速率的剪切增稠区域(区域Ⅱ)和更高剪切速率下的剪切稀化区域(区域Ⅲ)[1]。这种黏度变化行为与颗粒-颗粒相互作用、颗粒-溶剂相互作用相关。剪切增稠行为的解释主要有三种理论：有序-无序转换(order-disorder transition)理论、粒子簇理论以及阻塞理论。

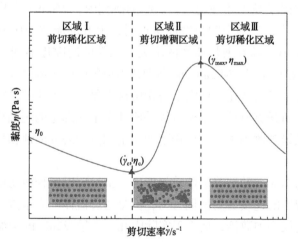

图 2-1　黏度-剪切速率变化曲线示意图

$\dot{\gamma}_c$ 为临界剪切速率；η_c 为临界黏度；$\dot{\gamma}_{max}$ 为最大黏度对应的剪切速率；η_{max} 为最大黏度；η_0 为初始黏度

1. 有序-无序转换理论

剪切增稠相中的固体分散相在剪切作用下发生结构排布上的紊乱导致剪

切增稠现象。Hoffman[2]使用光衍射与剪切流变测试相结合的方法，通过监控剪切作用下固体分散相的行为，研究了剪切增稠过程中微观结构的衍化。在未受到剪切作用时，固体分散相的光衍射图谱为规则的六角形；在剪切作用下黏度开始增加时，光衍射图谱消失，并由此提出了有序-无序转换理论。该理论认为，固体分散相在低剪切速率下呈现二维(2D)有序排列，随着剪切速率的增加，固体分散相会随着体系的流动发生层间的滑移，导致剪切稀化现象的发生。当剪切速率超过临界剪切速率时，二维层状结构由于不断增大的流体润滑力而受到破坏，固体分散相脱离层状结构，形成拥堵，进入无序排列的状态，导致固体分散相之间的内摩擦力增加，宏观上表现为剪切增稠。后续研究中，Hoffman[3]对该理论进行了进一步的修正，认为颗粒之间的排斥力是保持剪切增稠稳定的原因，而流体润滑力是破坏稳定二维层状结构的主因，进而导致剪切增稠行为的出现。

2. 粒子簇理论

Brady 等[4]首先对有序-无序转换理论提出了质疑，利用流体动力学数值模拟的方法研究了高浓度分散体系剪切增稠的机理；研究结果表明：有序-无序转换机理是剪切增稠现象发生的充分不必要条件，在剪切速率大于临界剪切速率时，固体分散相颗粒通过流体润滑力聚集在一起，形成体积较大的粒子簇，导致黏度的增加，因此他提出了粒子簇理论。在后续的研究中，Wagner 等[5]对粒子簇理论进行了进一步阐述，当两个颗粒彼此接近时，上升的流体动压力将分散介质从颗粒的间隙中挤出，随着剪切速率的增大，颗粒的间隙逐渐变小，分散相形成团簇效应，导致黏度上升。Maranzano 等[6]利用小角度中子散射技术研究了剪切增稠过程中内部粒子簇的变化，证实了剪切增稠现象的发生伴随着粒子簇的形成；通过光学实验、斯托克斯动力学模拟等手段证实了该理论的正确性。Cheng 等[7]通过共聚焦显微镜观测到了剪切作用下剪切增稠液固态分散性颗粒形成粒子簇的现象。

粒子簇理论作为一种被普遍接受的理论，虽然可以解释剪切增稠相在高浓度分散体系中表现出的连续剪切增稠行为，但是通过流体动力学数值模拟，聚集粒子簇导致的黏度仅增加数倍，远小于实际中几个数量级黏度的增加。

3. 阻塞理论

针对粒子簇理论预测剪切增稠现象黏度增加趋势的不足，一些研究学者基于剪切增稠液在剪切应力作用下的液态-固态转变行为提出了阻塞理论，解释了剪切增稠体系中呈现的非连续剪切增稠行为[8]。阻塞理论认为，在剪切作用下，固体分散相自发聚集且相互摩擦，在有限的空间内形成局部流体阻塞，并进一步扩散，最终导致剪切增稠体系流动阻力增加，宏观上表现为剪切应力的指数性增加及表观黏度的爆炸性增大，很好地解释了剪切增稠体系呈现的非连续剪切增稠特性。Farr 等[9]通过建立理论模型对高浓度分散体系进行了计算分析，分析结果表明：大量粒子簇聚集导致堵塞，从而出现非连续剪切增稠。Hébraud 等[10]利用共聚焦显微镜研究了二氧化硅与水组成的剪切增稠体系的微观结构变化，在仅考虑颗粒间的排斥力、流体润滑力及布朗运动的情况下，观察到固体分散相堵塞状态的转变。其他研究人员同样通过理论模拟研究、共聚焦显微镜、X 射线成像和实验研究等方法观测到高浓度剪切增稠体系中的堵塞行为，验证了阻塞理论的有效性。

4. 剪切增稠相模型

为了定量解释剪切增稠相的流变特性，Galindo-Rosales 等[11]将三个特征区域的黏度变化特点用分段函数的形式表示，获得了剪切增稠相黏度与剪切速率之间的关系：

$$\begin{cases} \eta_{\mathrm{I}}(\dot{\gamma}) = \eta_{\mathrm{c}} + \dfrac{\eta_0 - \eta_{\mathrm{c}}}{1 + \left\{ K_{\mathrm{I}} \left[\dot{\gamma}^2 / (\dot{\gamma} - \dot{\gamma}_{\mathrm{c}}) \right] \right\}^{n_{\mathrm{I}}}}, & \dot{\gamma} \leqslant \dot{\gamma}_{\mathrm{c}} \\[4mm] \eta_{\mathrm{II}}(\dot{\gamma}) = \eta_{\max} + \dfrac{\eta_{\mathrm{c}} - \eta_{\max}}{1 + \left\{ K_{\mathrm{II}} \left[(\dot{\gamma} - \dot{\gamma}_{\mathrm{c}}) / (\dot{\gamma} - \dot{\gamma}_{\max}) \right] \dot{\gamma} \right\}^{n_{\mathrm{II}}}}, & \dot{\gamma}_{\mathrm{c}} < \dot{\gamma} < \dot{\gamma}_{\max} \\[4mm] \eta_{\mathrm{III}}(\dot{\gamma}) = \dfrac{\eta_{\max}}{1 + \left[K_{\mathrm{III}} (\dot{\gamma} - \dot{\gamma}_{\max}) \right]^{n_{\mathrm{III}}}}, & \dot{\gamma}_{\max} \leqslant \dot{\gamma} \end{cases} \quad (2\text{-}1)$$

式中，η_{I}、η_{II}、η_{III} 分别为剪切增稠相在区域 I、区域 II 和区域 III 时的黏度；K 是一个无量纲的时间维度常数；n_{I}、n_{II}、n_{III} 为无量纲的幂律常数。

2.1.2　磁性剪切增稠光整模型

图 2-2 为磁性剪切增稠光整加工过程示意图。在光整区域选取平行六面体微单元进行受力分析，作用在 6 个表面上的应力不仅有法向应力 σ，还有切向应力 τ，下标第 1 个字母表示应力所在平面的法向方向，下标第 2 个字母表示应力本身的方向[12]。作用在微单元上每个表面的 1 个法向应力和 2 个切向应力如图 2-3 所示。作用于微单元上单位质量流体的 3 个分量分别为 f_x、f_y 和 f_z。

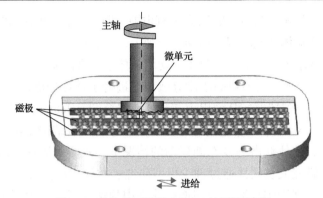

图 2-2 磁性剪切增稠光整加工过程示意图

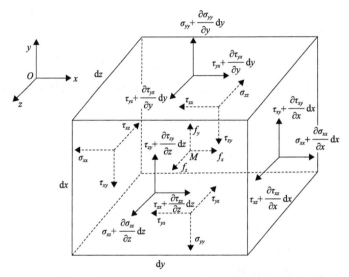

图 2-3 磁性剪切增稠光整加工微单元受力分析

对微单元应用牛顿第二定律，沿 x 轴运动的微分方程为

$$f_x \rho \mathrm{d}x\mathrm{d}y\mathrm{d}z - \sigma_{xx}\mathrm{d}y\mathrm{d}z + \left(\sigma_{xx} + \frac{\partial \sigma_{xx}}{\partial x}\mathrm{d}x\right)\mathrm{d}y\mathrm{d}z - \tau_{yx}\mathrm{d}z\mathrm{d}x + \left(\tau_{yx} + \frac{\partial \tau_{yx}}{\partial y}\mathrm{d}y\right)\mathrm{d}z\mathrm{d}x$$

$$-\tau_{zx}\mathrm{d}x\mathrm{d}y + \left(\tau_{zx} + \frac{\partial \tau_{zx}}{\partial z}\mathrm{d}z\right)\mathrm{d}x\mathrm{d}y = \rho \mathrm{d}x\mathrm{d}y\mathrm{d}z \frac{\mathrm{d}v_x}{\mathrm{d}t} \tag{2-2}$$

式中，ρ 为密度；v_x 为沿着 x 方向的速度。

化简后的方程为

$$f_x + \frac{1}{\rho}\left(\frac{\partial \sigma_{xx}}{\partial x} + \frac{\partial \tau_{yx}}{\partial y} + \frac{\partial \tau_{zx}}{\partial z}\right) = \frac{\mathrm{d}v_x}{\mathrm{d}t} \tag{2-3}$$

根据广义牛顿内摩擦定律，得到切向应力与法向应力的关系为

$$\begin{cases} \tau_{yx} = \eta\left(\dfrac{\partial v_x}{\partial y} + \dfrac{\partial v_y}{\partial x}\right) \\[2mm] \tau_{zx} = \eta\left(\dfrac{\partial v_z}{\partial x} + \dfrac{\partial v_x}{\partial z}\right) \\[2mm] \sigma_{xx} = -p + 2\eta\dfrac{\partial v_x}{\partial x} \end{cases} \tag{2-4}$$

其中，p 为压强。将式(2-4)代入式(2-3)可得

$$\begin{aligned} \frac{\mathrm{d}v_x}{\mathrm{d}t} &= f_x + \frac{1}{\rho}\left\{\frac{\partial}{\partial x}\left(-p + 2\eta\frac{\partial v_x}{\partial x}\right) + \frac{\partial}{\partial y}\left[\eta\left(\frac{\partial v_x}{\partial y} + \frac{\partial v_y}{\partial x}\right)\right] + \frac{\partial}{\partial y}\left[\eta\left(\frac{\partial v_z}{\partial x} + \frac{\partial v_x}{\partial z}\right)\right]\right\} \\ &= f_x - \frac{1}{\rho}\frac{\partial p}{\partial x} + \frac{\eta}{\rho}\left(\frac{\partial^2 v_x}{\partial x^2} + \frac{\partial^2 v_x}{\partial y^2} + \frac{\partial^2 v_x}{\partial z^2}\right) + \frac{\eta}{\rho}\frac{\partial}{\partial x}\left(\frac{\partial v_x}{\partial x} + \frac{\partial v_y}{\partial y} + \frac{\partial v_z}{\partial z}\right) \end{aligned} \tag{2-5}$$

磁性剪切增稠光整介质是一种不可压缩性流体，不可压缩性流体的连续方程为

$$\frac{\partial v_x}{\partial x} + \frac{\partial v_y}{\partial y} + \frac{\partial v_z}{\partial z} = 0 \tag{2-6}$$

将式(2-6)代入式(2-5)可得

$$\frac{\mathrm{d}v_x}{\mathrm{d}t} = f_x - \frac{1}{\rho}\frac{\partial p}{\partial x} + \frac{\eta}{\rho}\left(\frac{\partial^2 v_x}{\partial x^2} + \frac{\partial^2 v_x}{\partial y^2} + \frac{\partial^2 v_x}{\partial z^2}\right) \tag{2-7}$$

如图 2-4 所示，磁性剪切增稠光整加工过程中，设置工作间隙为 d，工作平台以速度 U_a 进行进给运动，光整工具以 U_b 进行进给运动，仅涉及水平方向上的运动，则有 $f_x=0$，由于在 x 方向属于定常流动，则有 $\partial v_x/\partial z=0$，式(2-7)可化简为

$$v_x\frac{\partial v_x}{\partial x} = -\frac{1}{\rho}\frac{\partial p}{\partial x} + \frac{\eta}{\rho}\left(\frac{\partial^2 v_x}{\partial x^2} + \frac{\partial^2 v_x}{\partial y^2}\right) \tag{2-8}$$

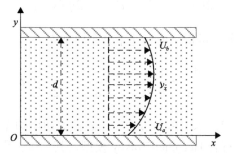

图 2-4　磁性剪切增稠介质速率分布模型

根据连续性方程可得

$$\frac{\partial v_x}{\partial x} = 0 \tag{2-9}$$

将式(2-9)代入式(2-8)可得

$$\frac{\partial p}{\partial x} = \eta \frac{\mathrm{d}^2 v_x}{\mathrm{d}y^2} \tag{2-10}$$

将式(2-10)对 y 进行二次积分可得

$$v_x = \frac{1}{2\eta} \frac{\partial p}{\partial x} y^2 + C_1 y + C_2 \tag{2-11}$$

根据不同的边界条件确定积分常数 C_1 及 C_2。磁场辅助光整加工时，存在两种工况条件，工作平台以速度 U_a 进行进给运动，光整工具以 U_b 进行进给运动，此时边界条件为

$$\begin{cases} v_x = U_a, & y = 0 \\ v_x = U_b, & y = d \end{cases} \tag{2-12}$$

将式(2-12)中的边界条件代入式(2-11)，可得

$$\begin{cases} C_1 = \dfrac{U_b - U_a}{d} - \dfrac{1}{2\eta} \dfrac{\partial p}{\partial x} d \\ C_2 = U_a \end{cases} \tag{2-13}$$

将式(2-13)的数值代入式(2-11)，得到沿着 x 方向运动的速度，速度方程为

$$v_x = \frac{1}{2\eta} \frac{\partial p}{\partial x} y^2 + \left(\frac{U_b - U_a}{d} - \frac{1}{2\eta} \frac{\partial p}{\partial x} d \right) y + U_a \tag{2-14}$$

式(2-14)对 y 方向微分，可得到剪切速率分布模型为

$$\dot{\gamma} = \frac{\mathrm{d}v_x}{\mathrm{d}y} = \frac{1}{\eta} \frac{\partial p}{\partial x} y + \frac{U_b - U_a}{d} - \frac{1}{2\eta} \frac{\partial p}{\partial x} d \tag{2-15}$$

根据流变特性可知，承受剪切过程中，磁性剪切增稠光整介质的剪切应力随剪切速率的变化规律符合 Herschel-Bulkey 模型，其本构方程为

$$\tau = \tau_y + k \left[\frac{1}{\eta} \frac{\partial p}{\partial x} \left(y - \frac{d}{2} \right) + \frac{U_b - U_a}{d} \right]^n \tag{2-16}$$

式中，k 为 Herschel-Bulkey 系数；n 为流变指数。

2.2　磁性剪切增稠的材料去除机理

2.2.1　材料去除率模型

材料去除率模型可定量地描述磁性剪切增稠光整加工性能的影响因素，能够在给定的加工参数基础上预测加工效率，为实际加工提供理论基础。

磁性剪切增稠光整加工过程中，在光整区域形成一定的正压力和相对速度，利用磨粒作用实现工件表面材料的去除。Archard 方程是广泛描述滑动磨损的材料去除方程。根据 Archard 方程，光整过程中的材料去除率可描述为[13]

$$\text{MRR} = \frac{\rho K_{\text{arc}} F_n S}{tH} \tag{2-17}$$

式中，ρ 为工件的密度；K_{arc} 为无量纲 Archard 磨损常数；F_n 为总法向力；S 为滑动距离；t 为加工时间；H 为接触面硬度。

1. 材料去除率模型简化

磁性剪切增稠光整加工材料去除机理及各成分之间的相互作用是一个极其复杂的过程，为了简化材料去除率模型，考虑如下假设：

(1) 磁性颗粒、磨粒均是刚性球体，利用直径来进行表征且直径均一；

(2) 磁性颗粒、磨粒在剪切增稠相（含有分散相、分散介质、添加剂等成分）中均匀分散；

(3) 磁性颗粒以连续的链式结构存在磁场中，不受其他因素的影响；

(4) 磁性剪切增稠光整介质的性能不随光整加工时间的延长而改变；

(5) 有效磨粒进行材料去除时，忽略压痕的下沉及微切屑的堆积效应；

(6) 光整加工区域不存在漏磁现象，且磁通密度均匀分布在工件表面并保持稳定。

2. 磨粒滑动距离的计算

在磁性剪切增稠光整加工中，光整加工工具固定于旋转轴上，并以恒定的角速度旋转；固定工件的夹具安装于位移平台上，以恒定的线速度进行直线运动。基于上述加工配置，假设 xOy 平面与挡板端面重合，原点坐标位于挡板的中心，如图 2-5 所示。

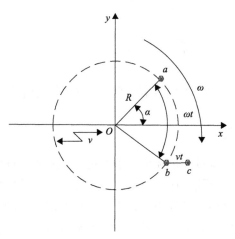

图 2-5　磨粒与工件的相对位置示意图

任意时刻，磨粒的坐标可表示为

$$
\begin{cases}
x = R\cos(\alpha - \omega t) + vt \\
y = R\sin(\alpha - \omega t)
\end{cases}
\tag{2-18}
$$

式中，R 为磨粒与坐标原点的距离；ω 为光整加工工具旋转角速度；v 为工件进给速度；α 为磨粒初始位置 a 的角度。在 $R = 2\text{mm}$、$\omega = 42\text{rad/s}$、$v = 1\text{mm/s}$、$\alpha = \pi/6$ 条件下，经过 $t=2\text{s}$，单颗磨粒的运动轨迹如图 2-6(a) 所示；在 $R = 2\text{mm}$、$\omega = 62\text{rad/s}$、$v = 1\text{mm/s}$、$\alpha = 0$ 条件下，经过 $t=2\text{s}$，单颗磨粒的运动轨迹如图 2-6(b) 所示。

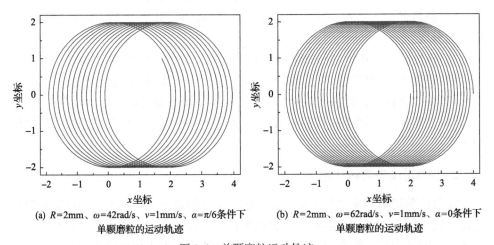

(a) $R=2\text{mm}$、$\omega=42\text{rad/s}$、$v=1\text{mm/s}$、$\alpha=\pi/6$ 条件下　单颗磨粒的运动轨迹

(b) $R=2\text{mm}$、$\omega=62\text{rad/s}$、$v=1\text{mm/s}$、$\alpha=0$ 条件下　单颗磨粒的运动轨迹

图 2-6　单颗磨粒运动轨迹

磨粒在 x 方向的速度 $V_x(t)$ 及在 y 方向的速度 $V_y(t)$ 可通过对式(2-18)进行微分得到，在任意时刻的速度为

$$\begin{cases} V_x(t) = \dfrac{\mathrm{d}x}{\mathrm{d}t} = R\omega\sin(\alpha - \omega t) + v \\ V_y(t) = \dfrac{\mathrm{d}y}{\mathrm{d}t} = -R\omega\cos(\alpha - \omega t) \end{cases} \tag{2-19}$$

在任意时刻 t 的合成速度为

$$V(t) = \sqrt{R^2\omega^2 + v^2 - 2vR\omega\sin(\alpha - \omega t)} \tag{2-20}$$

任意时刻的滑动距离 S 可通过对式(2-20)进行积分得到：

$$S = \int_0^t \sqrt{R^2\omega^2 + v^2 - 2vR\omega\sin(\alpha - \omega t)}\,\mathrm{d}t \tag{2-21}$$

3. 磨粒法向载荷的计算

磁性剪切增稠光整介质作为一种非牛顿流体，具有假塑性流体的特征，其剪切应力 τ 通常采用 Herschel-Bulkey 模型进行定义，其表达式为

$$\tau = \tau_y + k\dot{\gamma}^n \tag{2-22}$$

式(2-22)中的 Herschel-Bulkey 系数 k、流变指数 n 和剪切屈服应力 τ_y 为磁性剪切增稠光整介质的固有特性，可以通过流变测试获取。其剪切速率 $\dot{\gamma}$ 可表示为

$$\dot{\gamma} = \frac{V(t)}{G} \tag{2-23}$$

式中，G 为加工间隙。

磨粒的总法向力为

$$F_n = N_a S_a \tau = N_a \left(\pi\frac{d_i^2}{4} \right)\left[\tau_y + k \left| \frac{\sqrt{R^2\omega^2 + v^2 - 2vR\omega\sin(\alpha - \omega t)}}{G} \right|^n \right] \tag{2-24}$$

式中，N_a 为与工件表面接触的有效磨粒数量；S_a 为磨粒压痕的投影面积；d_i 为磨粒压痕的直径。

由式(2-24)可以看出，法向力与有效磨粒数量、投影面积、剪切应力有关。其中，剪切应力受磁性剪切增稠光整介质的流变特性影响。不同流变指数的法向力分布曲线如图 2-7 所示，$n<1$、$n=1$ 和 $n>1$ 对应的曲线分别为剪切稀化流体、牛顿流体和剪切增稠流体的法向力曲线。当有效磨粒数量和投影面积一定时，$n \leqslant 1$ 时的法向力小于 $n>1$ 时的法向力。磁性剪切增稠光整介质获得更高的法向力，有利于提高材料去除率。随着流变指数的增加和压力增大，材料去除率进一步提高。随着流变指数增加，剪切增稠效应增强。

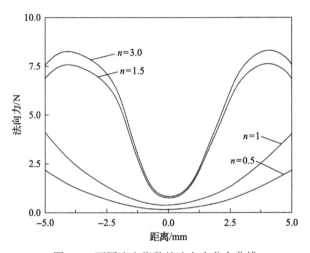

图 2-7　不同流变指数的法向力分布曲线

4. 磨粒压痕直径的计算

在施加剪切应力 τ 的情况下，磨粒切入工件表面，通过相对运动实现材料去除，磨粒的压痕模型如图 2-8 所示。根据 Hertz 接触理论，压痕深度 h 为

$$h = \left(\frac{3\tau}{8E}\right)^{2/3} \frac{1}{D_a^{1/3}} \tag{2-25}$$

式中，D_a 为磨粒的直径；E 为弹性模量。

磨粒压痕的直径 d_i 为

$$d_i = 2\sqrt{\left(\frac{3\tau}{8E}\right)^{2/3} \frac{1}{D_a^{1/3}} \left[D_a - \left(\frac{3\tau}{8E}\right)^{2/3} \frac{1}{D_a^{1/3}}\right]} \tag{2-26}$$

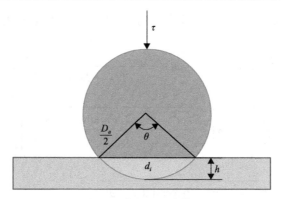

图 2-8　磨粒的压痕模型

5. 有效磨粒的数量

磁性剪切增稠光整加工中,磁性颗粒与磨粒在磁场的作用下形成复杂的链束状结构,假设磁性颗粒在工件表面保持线性。磨粒被包裹在磁性颗粒之间,单个磨粒被 8 个磁性颗粒包裹并形成面心立方体结构,其中 8 个铁磁性颗粒位于立方体的 8 个顶角,磨粒位于立方体的中心,其分布示意图如图 2-9 所示[14]。填充的分散介质是直径为 7~40nm 的二氧化硅,相对于微米级的磨粒与磁性颗粒可以忽略,因此在工件的加工区域内,有效磨粒的数量为

$$N_a = \frac{S_w}{l^2} = \frac{S_w}{\left[(D_a + D_f)/\sqrt{3}\right]^2} = \frac{3S_w}{(D_a + D_f)^2} \tag{2-27}$$

式中,l 为面心立方体结构的边长;S_w 为介质与工件的接触面积;D_f 为铁磁性颗粒的直径。

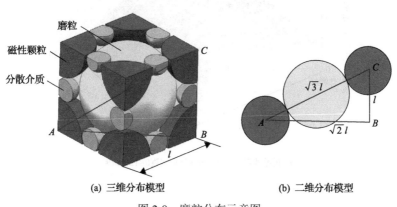

(a) 三维分布模型　　　　　(b) 二维分布模型

图 2-9　磨粒分布示意图

磁性剪切增稠光整加工中，任意时刻的材料去除率可表示为

$$
\begin{aligned}
\mathrm{MRR} = {} & \sqrt{R^2\omega^2 + v^2 - 2vR\omega\sin(\alpha - \omega t)}\,\frac{\rho K_{\mathrm{arc}}}{H}\frac{3S_w}{(D_a + D_f)^2}\left[\pi\left(\frac{3}{8E}\right)^{2/3}\frac{1}{D_a^{1/3}}\right] \\
& \times\left\{D_a - \left[\frac{3}{8E}\left(\tau_y + k\left|\frac{\sqrt{R^2\omega^2 + v^2 - 2vR\omega\sin(\alpha - \omega t)}}{G}\right|^n\right)\right]^{2/3}\frac{1}{D_a^{1/3}}\right\} \\
& \times\left(\tau_y + k\left|\frac{\sqrt{R^2\omega^2 + v^2 - 2vR\omega\sin(\alpha - \omega t)}}{G}\right|^n\right)^{5/3}
\end{aligned}
\tag{2-28}
$$

由式(2-28)可知，通过调控磁场和加工工艺参数，改变流变指数及法向力，从而主导材料去除率。在恒定磁场强度条件下，加工工艺参数(角速度和进给速度)对材料去除率的影响规律如图2-10所示。当角速度恒定时，随着进给速度的增加，材料去除率呈现出先增大后减小的趋势，如图2-10(a)所示。进给速度增加，剪切速率相应增加，导致法向力增大，使处于剪切增稠区域内的材料去除率达到最大值。当进给速度恒定时，角速度的变化范围较小，不足以大幅度改变剪切速率，材料去除率变化幅度较小。增大角速度的变化范围，在恒定进给速度的条件下，材料去除率呈现中间高、四周低的现象，如图2-10(b)所示。中间高的区域为剪切增稠产生区域，四周对应为剪切稀化区域。

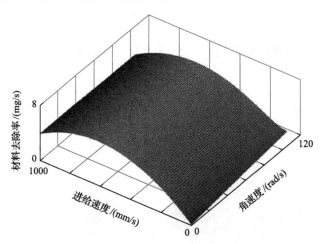

(a) 进给速度0~1000mm/s及角速度0~120rad/s

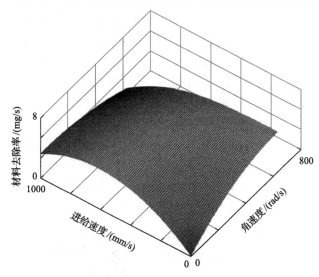

(b) 进给速度0~1000mm/s及角速度0~800rad/s

图 2-10 材料去除率与角速度和进给速度的关系

2.2.2 测力平台

构建磁性剪切增稠光整加工测力平台，分析磁性剪切增稠光整加工机理。图 2-11 为测力平台示意图，光整加工工具共有 4 个剩余磁感应强度可达 1.47T、矫顽力为 992kA/m 的钕铁硼永磁极，分别放置在 4 个磁极套内，通过磁轭形成闭合的磁场回路。导杆、磁极套、磁轭、连接板的材质均为 45#钢。磁场透过磁极外

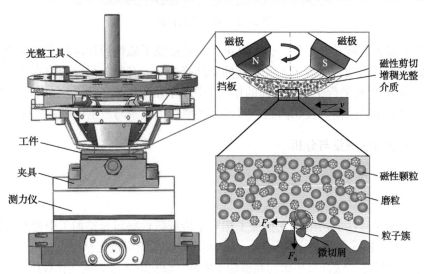

图 2-11 测力平台示意图

侧可拆卸的 PA 材质挡板把磁性剪切增稠光整介质把持在挡板表面，磁性剪切增稠光整介质按照磁力线的分布形成"柔性仿形粒子簇"。当磁场发生工具与被加工工件相对运动时，磁性剪切增稠光整介质与工件表面的微凸峰接触，磁性剪切增稠光整介质在反切向载荷阻抗力的作用下发生"集聚效应"，在"柔性仿形粒子簇"中产生"增强粒子簇"，进而形成"增强柔性仿形粒子簇"。

图 2-12 为搭建的测力实验装置，磁场发生工具固定于四轴高速加工中心的主轴上，测力仪(Kistler-9257B)通过压板、螺栓以及螺母固定在高速加工中心的工作平台上，固定工件的夹具安装于测力仪上。加工区域内磁感应强度的调节通过控制主轴末端磁场发生工具在竖直方向上的运动实现，剪切速率的调节通过控制加工装置的主轴旋转速度及工作平台往复进给运动实现。

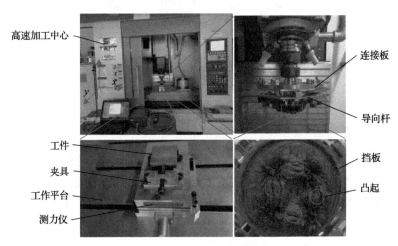

图 2-12　测力实验装置

加工装置的旋转及工作平台往复进给运动提供了磁性剪切增稠光整介质与工件之间的相对运动，实现了工件表面的微凸峰去除。光整力可分为垂直于工件表面的法向力 F_n 和平行于工件表面的切向剪切力(切向力) F_t。通过测力平台采集光整加工过程中的法向力及切向力，可揭示光整加工效率与质量的影响规律。

2.2.3　光整力的测量与分析

1. 不同光整介质

1)光整介质的制备及实验参数

为了探究磁性剪切增稠光整加工相对于传统磁性磨料光整加工中光整力的变化趋势，基于搭建的测力实验装置，分别使用磁性剪切增稠光整介质和机械搅拌混合的磁性磨料进行钛合金平面的光整加工实验，以获取光整力的变化规律。磁性剪切增稠光整介质由磨料、磁性颗粒、分散相、分散介质和添加剂等成分组成。磁性剪切增稠光整介质和磁性磨料主要的不同在于基液(由分散相 PEG200 与分散介质 SiO_2 配制)的选取,磁性剪切增稠光整介质的基液浓度(SiO_2 质量：SiO_2/PEG200 体系质量)为 15%；磁性磨料的基液为牛顿流体 PEG200。光整加工实验参数如表 2-1 所示,磁性剪切增稠光整介质和磁性磨料的组织成分参数如表 2-2 所示。

表 2-1　光整加工实验参数

项目	参数
工件	钛合金
工件尺寸/(mm×mm×mm)	50×50×10
初始粗糙度/nm	220
剪切增稠基液浓度/%	15
CBN 粒径/μm	18
羰基铁粉粒径/μm	5
质量比(羰基铁粉∶CBN)	3∶1
磨料质量分数/%	50
质量比(基液∶羰基铁粉+CBN+基液)	1∶2
主轴转速/(r/min)	600
进给速度/(mm/min)	5000
加工间隙/mm	0.6

注：CBN 表示立方氮化硼。

表 2-2　磁性剪切增稠光整介质和磁性磨料的组织成分参数

项目	参数
分散相	PEG200
CBN 粒径/μm	18
羰基铁粉粒径/μm	5
分散方式	机械搅拌
质量比(羰基铁粉∶CBN)	3∶1
磨料质量分数/%	50
PEG 质量分数/%	50

注：PEG 表示聚乙二醇。

2)测量相对位置与光整力分析

光整力可分为垂直于工件表面的法向剪切力(法向力)和平行于工件表面的切向力,它是影响光整加工效率和表面质量的重要参数。测量一个加工行程中工件与"增强柔性仿形粒子簇"接触产生的光整力，工件与"增强柔性仿形粒子簇"相对位置的示意图如图 2-13 所示。图 2-13(a)为磁性剪切增稠光整介质与工件表面的起始接触位置，随着工作平台的进给，运动到图 2-13(b)所示的中间接触位置，之后脱离接触位置(图 2-13(c))，然后工作平台改变进给运动的方向，重复起始接触、中间接触、脱离接触的不同位置，如图 2-13(d)～(f)所示。

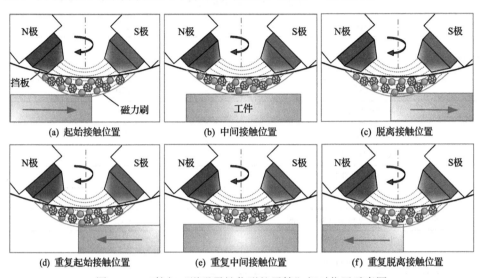

图 2-13　工件与"增强柔性仿形粒子簇"相对位置示意图

图 2-14 对比了磁性剪切增稠光整加工与传统磁场辅助光整加工的作用力变化(一个加工行程内)。图 2-14(a)～(c)中分别给出了法向力、切向力、切向力与法向力比值的变化曲线。结合图 2-13 的相对位置关系分析图 2-14 中力曲线的变化趋势。图 2-14(a)呈现四个变化阶段：第一阶段，从图 2-13(a)位置运动到图 2-13(b)位置的过程中，光整介质与工件的表面接触面积逐渐增大，导致法向力逐渐增大；第二阶段，从图 2-13(b)位置运动到图 2-13(c)位置的过程中，接触面积逐渐变小，因此法向力也逐渐减小；第三阶段，从图 2-13(d)位置运动到图 2-13(e)位置的过程中，接触面积逐渐增大，导致法向力逐渐增大；第四阶段，从图 2-13(e)位置运动到图 2-13(f)位置的过程中，接触面积逐渐变小，因此法向力也逐渐减小。往复行程具有对称特性，因此第一阶段、第二阶段与第三阶段、第四阶段呈现明显的对称性。相比于传统磁场辅助光整加工，磁性剪切增稠光整加工产生的法向力更大。磁性剪切增稠光整介质的剪切增稠相(SiO_2/PEG200 体系)发生了剪切增稠效应，产生了"增强柔性仿形粒子簇"，导致法向力变大，同时切向力、切向力与法向力的比值也大于传统光整介质。

在初始接触时，如图 2-13(a)所示位置，工件表面受到最大负向切向力，随着工作平台运动到图 2-13(b)位置时，负向切向力急速增大；从图 2-13(b)位置逐

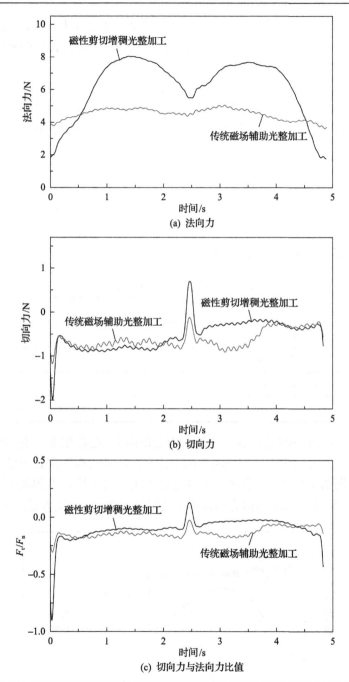

图 2-14　磁性剪切增稠光整加工与传统磁场辅助光整加工的作用力变化对比

渐运动到图 2-13(c)位置时，负向切向力继续增大，在接近图 2-13(c)位置时切向力增大到正值。然后，进给速度方向改变，进行右向回程，从图 2-13(d)位置运动到图 2-13(f)位置时，因为运动方向相反，其他加工条件并未改变，呈现曲线对称特性。其中，采用磁性剪切增稠光整介质的切向力大于采用传统的磁性磨料光整介质的切向力，揭示了剪切增稠现象的作用。

由图 2-14 可知，在一个加工行程中，无论是法向力、切向力，还是切向力与法向力比值，都是磁性剪切增稠光整加工占据优势，侧面证明了在磁场与剪切应力场共同刺激作用下"增强柔性仿形粒子簇"的强化作用，有助于提高光整加工效率。

2. 不同进给速度

探究不同进给速度对磁性剪切增稠光整加工过程中力的影响，利用搭建的测力实验装置，在仅改变进给速度的前提下，对钛合金平面进行磁性剪切增稠光整加工实验，实验参数如表 2-3 所示。

表 2-3　实验参数(不同进给速度)

项目	参数
CBN 粒径/μm	18
羰基铁粉粒径/μm	5
主轴转速/(r/min)	600
进给速度/(mm/min)	1000, 3000, 5000

图 2-15 给出了不同进给速度下法向力及切向力(光整力)的变化趋势。由图可知，随着进给速度的增大，单位时间内工作平台运动行程的次数明显增加，所测量光整力的周期次数变多；随着进给速度的增大，最大法向力和最小法向力的变化趋势仅呈现微量增加；切向力的极值变化幅度逐渐增大。随着进给速度的增加，

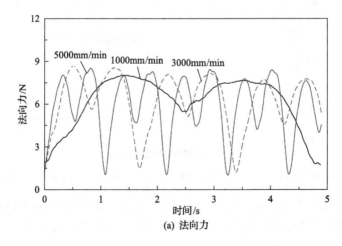

(a) 法向力

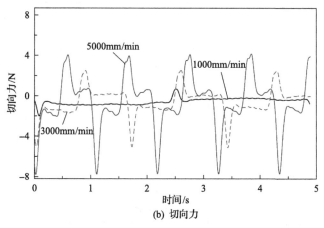

图 2-15　不同进给速度下光整力的变化趋势

光整加工区域内的剪切速率也增加，并逐渐向位于剪切增稠区域对应的剪切速率靠拢，导致磁性剪切增稠光整介质的黏度及切向力逐渐增加，法向力微量增加。

3. 不同加工间隙

探究不同加工间隙对磁性剪切增稠光整加工过程中力的影响，基于搭建的测力实验装置，仅改变加工间隙，进行钛合金平面磁性剪切增稠光整加工实验，实验参数如表 2-4 所示，不同加工间隙下光整力的变化趋势如图 2-16 所示。

表 2-4　实验参数(不同加工间隙)

项目	参数
CBN 粒径/μm	18
羰基铁粉粒径/μm	5
主轴转速/(r/min)	600
进给速度/(mm/min)	1000
加工间隙/mm	0.6, 1.0, 1.4

如图 2-16 所示，随着加工间隙的减小，法向力逐渐增大，切向力的极值也增大。加工间隙的减小，一方面导致作用在工件表面的磁感应强度增加，磁场作用力增加，对磁性颗粒的把控能力增强；另一方面引起剪切速率的增加，促进剪切增稠现象的发生，虽然磁感应强度在一定程度上抑制了剪切增稠现象的发生，但仍呈现出剪切增稠现象，直接增大磁性剪切增稠光整介质对工件表面的作用力，宏观地表现为法向力的增大。

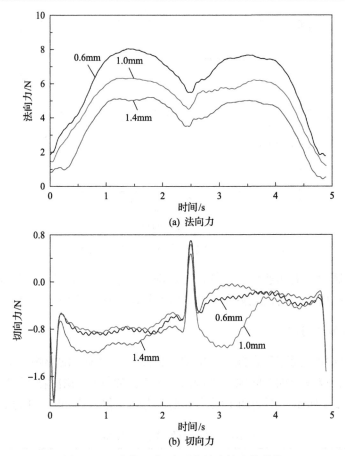

图 2-16　不同加工间隙下光整力的变化趋势

4. 不同羰基铁粉粒径

基于搭建的测力实验装置,固定其他参数,仅改变羰基铁粉粒径,进行钛合金平面磁性剪切增稠光整加工单因素实验,探究不同羰基铁粉粒径对磁性剪切增稠光整加工过程中力的影响规律,详细实验参数如表 2-5 所示。

表 2-5　实验参数(不同羰基铁粉粒径)

项目	参数
CBN 粒径/μm	18
羰基铁粉粒径/μm	5, 50, 150
主轴转速/(r/min)	600
进给速度/(mm/min)	1000
加工间隙/mm	0.6

实验结果如图 2-17 所示，随着羰基铁粉粒径的增大，法向力逐渐减小，切向力的极值变化幅度逐渐增大。大粒径的羰基铁粉在磁场中所受到的磁场作用力更大，对磨粒的把控能力增加，因此切向力变化幅度逐渐增大。这种规律并不适用于法向力的变化趋势，因为测力仪测量的不是单个羰基铁粉在磁场中所受到的力，而是整个磁性剪切增稠光整介质对工件表面的作用力。相同质量的羰基铁粉，粒径较小的数量更多，能够形成更加致密且均匀的"增强柔性仿形粒子簇"，从而使工件表面的接触区域增加，导致法向力随着羰基铁粉粒径的增大而减小[15]。

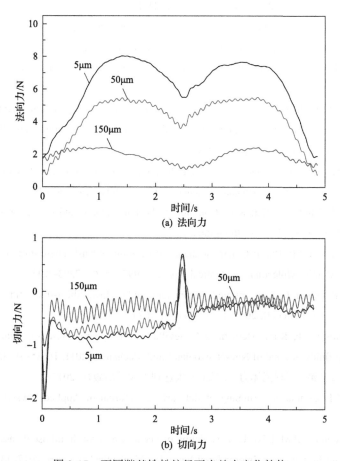

(a) 法向力

(b) 切向力

图 2-17　不同羰基铁粉粒径下光整力变化趋势

磁性剪切增稠光整法向力与切向力的增大有助于提高光整加工效率与表面质量，主要归因于两个方面：①"增强柔性仿形粒子簇"的生成有助于改善切向力，易达到工件的材料屈服应力；②法向力的增大导致磨粒压入工件的深度逐渐增加，单次磨粒微切削所去除材料的体积增大[16-20]。

参 考 文 献

[1] Gürgen S, Sofuoğlu M A, Kuşhan M C. Rheological compatibility of multi-phase shear thickening fluid with a phenomenological model. Smart Materials and Structures, 2019, 28: 035027.

[2] Hoffman R L. Discontinuous and dilatant viscosity behavior in concentrated suspensions. I. Observation of a flow instability. Transactions of the Society of Rheology, 1972, 16(1): 155-173.

[3] Hoffman R L. Explanations for the cause of shear thickening in concentrated colloidal suspensions. Journal of Rheology, 1998, 41(1): 111-123.

[4] Brady J F, Bossis G. The rheology of concentrated suspensions of spheres in simple shear flow by numerical simulation. Journal of Fluid Mechanics, 1985, 155: 105-129.

[5] Wagner N J, Brady J F. Shear thickening in colloidal dispersions. Physics Today, 2009, 62(10): 27-32.

[6] Maranzano B J, Wagner N J. Flow-small angle neutron scattering measurements of colloidal dispersion microstructure evolution through the shear thickening transition. The Journal of Chemical Physics, 2002, 117(22): 10291-10302.

[7] Cheng X, McCoy J H, Israelachvili J N, et al. Imaging the microscopic structure of shear thinning and thickening colloidal suspensions. Science, 2011, 333(6047): 1276-1279.

[8] Melrose J R, Vliet J V, Ball R C. Continuous shear thickening and colloid surfaces. Physical Review Letters, 1996, 77(22): 4660-4663.

[9] Farr R S, Melrose J R, Ball R C. Kinetic theory of jamming in hard-sphere startup flows. Physical Review A: Atomic, Molecular, and Optical Physics, 1997, 55(6): 7203-7211.

[10] Hébraud P, Didier L. Concentrated suspensions under flow: Shear-thickening and jamming. Modern Physics Letters B, 2005, 19(13-14): 613-624.

[11] Galindo-Rosales F, Rubio-Hernandez F, Sevilla A. An apparent viscosity function for shear thickening fluids. Journal of Non-Newtonian Fluid Mechanics, 2011, 166(5-6): 321-325.

[12] 刘宏升, 孙文策. 工程流体力学. 大连: 大连理工大学出版社, 2015.

[13] Archard J F. Contact and rubbing of flat surfaces. Journal of Applied Physics, 1953, 24(8): 981-988.

[14] Misra A, Pandey P M, Dixit U S. Modeling of material removal in ultrasonic assisted magnetic abrasive finishing process. International Journal of Mechanical Sciences, 2017, 131: 853-867.

[15] Ganguly V, Schmitz T, Graziano A, et al. Force measurement and analysis for magnetic field-assisted finishing. Journal of Manufacturing Science and Engineering, 2013, 135(4): 041016.

[16] 田业冰. 难加工材料"高剪低压"磨削与磁场辅助新型光整加工技术(特邀报告). 2019 年中国机械工程学会生产工程分会(光整加工)工作会议暨高性能零件光整加工技术产学研用高层论坛, 新乡, 2019.

[17] Tian Y B, Fan Z H, Shi C, et al. Experimental investigations of magnetic shear thickening finishing（MSTF）for microstructure surface. Proceedings of the International Symposium on Extreme Optical Manufacturing and Laser-Induced Damage in Optics, Chengdu, 2018.

[18] Tian Y B, Fan Z H, Zhou Q, et al. A novel magnetic shear thickening finishing method, tool and media. International Association of Advanced Materials（IAAM）Fellow Lecture in the Advanced Materials Lectures Serials, Zibo, 2020.

[19] Tian Y B. A novel magnetic shear thickening finishing method, media and finishing characteristics. The 6th International Symposium on Micro/nano Mechanical Machining and Manufacturing, Chongqing, 2021.

[20] Tian Y B. A novel magnetic shear thickening finishing method, magnetic tool, media and finishing characteristics for difficult-to-machine materials. The 16th China-Japan International Conference on Ultra-Precision Machining Processes, Jinan, 2022.

第3章 磁性剪切增稠光整介质

3.1 磁性剪切增稠光整介质的组成

磁性剪切增稠光整介质的组织成分主要包括磨料、磁性颗粒、分散相、分散介质、添加剂等，具有成本低、响应速度快、去除函数稳定、零磁场黏度较低以及沉降性能优异等特性[1,2]。磁性剪切增稠光整介质组织成分的选择对加工性能有很大影响。本节根据磁性剪切增稠光整介质的性能要求，对磨料、磁性颗粒、分散相以及分散介质进行设计。

3.1.1 高性能磨料的选择

磨料通常是具有切削能力的硬质颗粒，在加工过程中直接作用于工件表面，实现材料的去除，其硬度、粒度及结构形态对剪切作用有很大影响。磨料应具备耐磨损、韧性高、理化性质稳定、无毒环保等特点[3]。磨料根据成分来源分为天然磨料和人造磨料。天然磨料是利用天然矿石直接制成的，主要包括石英砂、石榴石、天然刚玉和金刚石等。人造磨料是利用工业方法炼制或合成的，以金刚石、立方氮化硼、氧化铝、碳化硅和氧化铈磨料的应用最为广泛，其莫氏硬度依次降低。相对于天然磨粒，人造磨粒在硬度、韧性、价格等方面具有显著优势，而且粒径具有更高的均匀性，适用于严苛的工业需求。考虑光整加工中的综合成本，针对不同材料选择不同的磨料。例如，性能优异但价格昂贵的金刚石、立方氮化硼磨料主要用于光整加工先进陶瓷、钛合金及其他硬质合金；硬度高、韧性相对较低的氧化铝、碳化硅磨料多用于加工软质合金工件及玻璃制品等；氧化铈磨料具有较低的莫氏硬度且价格相对低廉，是加工单晶硅片等硬脆性材料的优先选择。

3.1.2 磁性颗粒的选择

磁性剪切增稠光整加工时，磁性颗粒在磁场的作用下形成磁偶极子，沿着磁力线的方向相互约束形成链束状结构，磨料被链束状结构包裹在其中，如此提高了对磨料的把控能力，有助于提高光整效率。通常，磁性颗粒需要满足高磁导率、高饱和磁感应强度、高磁化速度等要求，同时兼顾绿色环保、价格低廉等条件[4]。磁性颗粒根据材质和结构划分为金属及合金磁性材料和铁氧体磁性材料。金属及合金磁性材料一般有碳钢、钨钢、硅钢、软铁等。铁氧体磁性材料一般有镍锌铁氧体、锰锌铁氧体、钡铁氧体、羰基铁粉等。羰基铁粉作为铁氧体磁性材料不仅满足磁性颗粒的选材要求，而且其硬度较低，能够保证在加工过程中避免对工件表面造成二次损伤，因此，选用还原羰基铁粉作为磁性颗粒制备磁性剪切增稠光整介质。

3.1.3　剪切增稠相的选择

剪切增稠相主要包含分散相与分散介质。磁性剪切增稠光整介质在受到外部刺激作用时，由于剪切增稠相的剪切增稠特性，其黏度、应力、动态模量等流变参数表现出急剧的非线性变化。随着材料与工艺技术的发展，剪切增稠相(分散相/分散介质)主要包括 SiO_2/PEG 体系、玉米淀粉/水体系、PMMA(聚甲基丙烯酸甲酯)/甘油体系等。其中，SiO_2/PEG 体系由于性能稳定且易于制备，广泛应用于空间技术、防护材料、智能传感器、阻尼器等领域[5,6]。因此，选用 SiO_2/PEG 体系作为磁性剪切增稠光整介质的分散相/分散介质。

PEG 也称为聚环氧乙烷(PEO)或聚氧乙烯(POE)，是指环氧乙烷的寡聚物或聚合物。PEG 根据分子量的不同可具体细分为不同的种类，不同分子量的 PEG 属性如表 3-1 所示。不同分子量的 PEG 受链长的影响具有不同的物理性质，但大部分 PEG 的化学性质相似[7]。PEG200 和 PEG400 为液态，PEG800 和 PEG1000 分别为膏状和浅白色蜡状，PEG2000 为固态。羟值随着平均分子量的升高而逐渐降低，熔点逐渐升高。在制备剪切增稠相时，若采用高熔点的 PEG800、PEG1000或 PEG2000，在常温状态下会发生凝固，从而引起制备的剪切增稠相失效。PEG200与 PEG400 的熔点分别为–49℃和 6℃，具有较宽的温度适用范围，满足制备的要求。剪切增稠现象主要是由于 PEG 所含羟基与 SiO_2 的键合，PEG200 中含有的羟值为 562，高于 PEG400 中含有的羟值 281。因此，选择 PEG200 作为剪切增稠相的分散介质。

表 3-1　不同分子量的 PEG 属性表

种类	平均分子量	熔点/℃	黏度/(Pa·s)	羟值	状态
PEG200	190～210	–49	23	562	液态
PEG400	380～420	6	40	281	液态
PEG800	760～840	29	2.3	140	膏状
PEG1000	950～1050	38	2.7	113	蜡状
PEG2000	8600～10500	50	5.8	56	固态

SiO_2 粒子的形状、粒径对剪切增稠相的剪切增稠效果影响显著，尽管不规则球形、椭圆或者短棒形状的粒子产生的增稠效果较球形颗粒更为强烈，但其剪切增稠相的可逆性相对较弱，因此选用球形 SiO_2 粒子作为分散相颗粒[8]。根据 SiO_2 粒径的不同，分散相分为两类，一类是由纳米粒子组成的胶体体系，另一类是由微米或亚微米粒子组成的悬浮体系。由于 SiO_2 粒径存在数量级上的差异，其流变行为存在显著差别。胶体体系一般表现为连续剪切增稠现象，在高剪切速率下可能会出现非连续剪切增稠现象。悬浮体系在低浓度条件下仅表现为连续剪切增稠现象；在高浓度条件下（一般分散相体积浓度超过 50%时）表现为非连续剪切增稠现象。纳米 SiO_2 粒子与微米 SiO_2 粒子相比，具有更大的比表面积，与 PEG200 的分子键结合效果更加明显。为了充分利用低剪切速率下的流变优势，选择纳米 SiO_2 粒子作为剪切增稠相的分散相。纳米 SiO_2 粒子的制备工艺主要包括溶胶凝胶法、水解沉淀法、气相法等，不同的制备方法在一定程度上对其性质（主要包括粒径大小、均一性、粒径分布、稳定性）具有重要影响[9]，选用粒径范围为 7～40nm 的亲水型气相纳米 SiO_2 作为剪切增稠相的分散相。

3.2　磁性剪切增稠光整介质制备

磁性剪切增稠光整介质的制备过程中，首先将纳米 SiO_2 分散相均匀分散到 PEG200 介质中形成均匀稳定的胶体。目前，常用的分散方法主要包括机械搅拌法、超声分散法和球磨法等[10]。机械搅拌法作为常用的分散方法，具有较高的分散效率，但对于纳米 SiO_2 的分散难以实现均匀化；超声分散法主要利用高能量超声波促使 SiO_2 分散相在 PEG200 分散介质中剧烈运动，达到分散效果，但超声时间难以确定且效率较低；球磨法是在分散体系中加入陶瓷球或钢球促使纳米 SiO_2 分散相均匀分散，根据 SiO_2 分散相添加量的不同，可以细分为干法球磨与湿法球磨，但在分散过程中易引入杂质。上述方法均具有一定的局限性，为了充分利用不同分散方法的优势，可以将不同分散方法组合使用。机械搅拌的能量有限，超声分散与球磨具有较高的分散能量，可以给予 SiO_2 分散相颗粒强烈的冲击与剪切作用，促使其均匀分散。因此，采用机械搅拌与超声分散相结合的方法进行磁性剪切增稠光整介质的制备。

流变特性与搅拌速度、搅拌时间、搅拌温度及超声时间密切关联。搅拌速度过大或搅拌时间过长，会对 SiO_2 与 PEG 分子之间的离子键造成不可逆破坏，搅拌速度过小则会影响搅拌效率。提高搅拌温度能够增大分散介质的溶解度，加快搅拌时纳米 SiO_2 粒子的分散速率，但当环境温度高于 120℃时，会导致 PEG 分子变性，剪切增稠相变成黄色的混合物。过高的空气湿度对 SiO_2/PEG 体系的剪切增稠相的分散具有严重的负面影响，水浴加热会产生大量水蒸气，提高分散装置周围的空气湿度，因此不能选择水浴加热。磁性剪切增稠光整介质的制备采用油浴加热，实现制备过程中的恒温分散。超声分散时间过长，超声空化作用会破坏 SiO_2 与 PEG 之间的表面吸附作用，使形成的团聚体剥离，同时会引起氢键的断裂，从而降低剪切增稠特性。综上，在机械搅拌速率为 350r/min、搅拌时间为 1h、油浴温度为 80℃、超声时间为 5min 的制备条件下，进行磁性剪切增稠光整介质的制备，其制备流程如图 3-1 所示[11]。

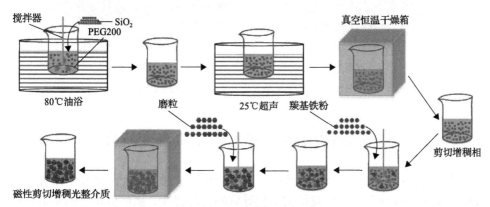

图 3-1　磁性剪切增稠光整介质制备流程

磁性剪切增稠光整介质具体制备步骤如下：

(1) 根据配制的剪切增稠相的浓度，使用精密电子分析天平称取 SiO_2 与 PEG200；

(2) 往恒温油浴锅中倒入硅油并持续加热到 80℃，然后将装有 PEG200 的烧杯放入油浴锅中加热；

(3) 逐渐将 SiO_2 加入 PEG200 中，设定电动搅拌器的转速为 350r/min，进行持续搅拌，在 1h 内分批次将 SiO_2 加入 PEG200 中，完成 SiO_2 分散相的分散；

(4) 将机械分散完成的混合物移入 25℃的超声环境中进行再次分散 5min；

(5) 将超声分散后的剪切增稠相放置在 25℃的真空恒温干燥箱中，静置 24h，去除产生的气泡，得到纯净的剪切增稠相；

(6) 称取磁性颗粒与剪切增稠相，将磁性颗粒加入剪切增稠相中，采用机械搅拌方式混合 15min，搅拌速度设定为 350r/min；

(7) 称取磨料加入磁性颗粒与剪切增稠相的混合物中，采用机械搅拌方式混合 15min，搅拌速度设定为 350r/min；

(8) 配制完成的混合物在真空恒温干燥箱中放置 2h，去除空气气泡，完成磁性剪切增稠光整介质的制备。

图 3-2 为磁性剪切增稠光整介质在常态与磁场下的外观表现。

(a) 常态下　　　　　　　　　　　(b) 磁场下

图 3-2　磁性剪切增稠光整介质在常态与磁场下的外观表现

3.3　磁性剪切增稠光整介质流变特性

流变特性用于表征复杂结构流体等软材料物质，通过流变测试技术体现材料性能及平衡、流动条件下微观结构变化导致的宏观特性。磁性剪切增稠光整介质作为典型的黏弹性流体，仅通过稳态剪切测试表征流体的黏度和应力并不全面。基于动态剪切测试，在一定应变范围内进行变频率扫描，获得流体复数黏度、储能模量以及耗能模量与频率的关系曲线，进而分析流体内部微观结构。利用奥地利安东帕(中国)有限公司的 MCR301 旋转流变仪，在不同磁感应强度下，对制备的三种羰基铁粉粒径的磁性剪切增稠光整介质进行流变特性测试[11]。测试样品的主要参数包括：浓度 20%的剪切增稠相所占质量比为 70%，羰基铁粉与立方氮化硼的质量比为 3:1，立方氮化硼的粒径为 13μm，羰基铁粉的粒径分别为 6.5μm、18μm 和 50μm。

3.3.1　稳态剪切流变特性

在稳态剪切流变测试中，剪切速率为 $\dot{\gamma}$，剪切应力 τ 作用于检测样品，通过测试仪器记录瞬态数值，表观黏度 η 的计算公式为[12,13]

$$\eta=\frac{\tau}{\dot{\gamma}} \tag{3-1}$$

式中，表观黏度 η 是关于剪切速率 $\dot{\gamma}$ 的函数，其变化代表流体的流变行为。当表观黏度 η 随剪切速率 $\dot{\gamma}$ 增加时，流体表现为剪切增稠，相反则表现为剪切稀化。非牛顿流体的流变行为较为复杂，流体内部结构在剪切作用下表现出复杂的控制形态，在不同的剪切速率下可表现出剪切增稠与剪切稀化行为。

图 3-3 给出了羰基铁粉粒径为 6.5μm 的磁性剪切增稠光整介质在磁感应强度分别为 0mT、70mT、140mT、180mT 和 210mT 下的稳态黏度随剪切速率变化曲线。在 0mT、70mT、140mT 和 180mT 磁感应强度下，磁性剪切增稠光整介质均表现出先剪切稀化，再剪切增稠，再次剪切稀化的行为；在 210mT 磁感应强度下，仅表现为剪切稀化行为，类似于传统磁流变液的流变特性。由图 3-3 可以看出，随着磁感应强度的增大，剪切增稠现象逐渐被抑制。这种抑制现象与参考文献 [14]、[15]中的结论具有较高的一致性。当磁感应强度为 0mT 时，剪切增稠临界点的剪切速率为 63.10s^{-1}，相应的黏度为 3.48Pa·s；峰点处的剪切速率为 158.60s^{-1}，相应的黏度为 98.56Pa·s，剪切增稠比(定义为剪切增稠区域内的最大黏度与临界剪切速率对应黏度的比值，反映剪切增稠效应的强度)为 28.32。当磁感应强度为 70mT 时，剪切增稠临界点的剪切速率为 62.10s^{-1}，相应的黏度为 25.30Pa·s；峰点处的剪切速率为 199.60s^{-1}，相应的黏度为 110.20Pa·s，剪切增稠比为 4.36。当磁感应强度为 140mT 时，剪切增稠临界点的剪切速率为 79.40s^{-1}，相应的黏度为 76.73Pa·s；峰点处的剪切速率为 125.90s^{-1}，相应的黏度为 121.60Pa·s，剪切增稠比为 1.58。当磁感应强度为 180mT 时，剪切增稠临界点的剪切速率为 50.12s^{-1}，相应的黏度为 104.50Pa·s；峰点处的剪切速率为 100.00s^{-1}，相应的黏度为 110.50Pa·s，剪切增稠比为 1.06。当磁感应强度为 210mT 时，不存在剪切增稠效应。由剪切增稠比可以看出，磁场逐渐抑制剪切增稠现象的出现，直至完全消失。这种现象可以从两方面进行解释：一方面，羰基铁粉及立方氮化硼磨粒作为额外的流体添加物在一定程度上阻碍了 SiO_2 分散相的移动，导致其表面的 Si-OH 与 PEG 分子中的羟基之间不能形成大量的氢键，从而抑制水合粒子簇的形成；另一方面，水动力需要克服来自流体添加物的阻碍以形成水合粒子簇，由于磁性颗粒受到磁场的

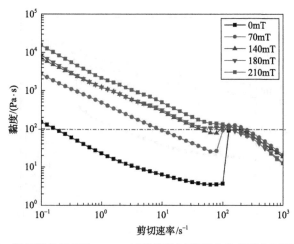

图 3-3 羰基铁粉粒径为 6.5μm 的磁性剪切增稠光整介质在不同磁感应
强度下的黏度随剪切速率变化曲线

作用，且所受到的力与磁感应强度成正比[16]。随着磁感应强度的增加，生成的羰基铁粉链逐渐变强，导致阻碍进一步增加，因此生成较少的水合粒子簇甚至没有水合粒子簇生成，在宏观上表现为黏度缓慢增加甚至不增加。

图 3-4 给出了羰基铁粉粒径为 6.5μm 的磁性剪切增稠光整介质在磁感应强度为 0mT、70mT、140mT、180mT 和 210mT 下的剪切应力随剪切速率变化曲线。剪切应力随着磁感应强度的增大而逐渐上升，表现为磁流变效应。在 0mT、70mT、140mT 和 180mT 磁感应强度下，当剪切速率超过临界剪切速率时，剪切应力发生突变行为，即发生剪切增稠现象；在 210mT 磁感应强度下，剪切应力表现为缓慢的爬升趋势。当磁感应强度为 0mT 时，剪切增稠临界点的剪切速率为 63.10s^{-1}，相应的剪切应力为 219.70Pa；峰点处的剪切速率为 158.60s^{-1}，相应的剪切应力为 15730.00Pa，剪切增稠作用使剪切应力约增大 70.60 倍。当磁感应强度为 70mT 时，剪切增稠临界点的剪切速率为 62.10s^{-1}，相应的剪切应力为 1597.00Pa；峰点处的剪切速率为 199.60s^{-1}，相应的剪切应力为 21990.00Pa，剪切增稠作用使剪切应力约增大 12.77 倍。当磁感应强度为 140mT 时，剪切增稠临界点的剪切速率为 79.40s^{-1}，相应的剪切应力为 6094.00Pa；峰点处的剪切速率为 125.90s^{-1}，相应的剪切应力为 15330.00Pa，剪切增稠作用使剪切应力约增大 1.52 倍。当磁感应强度为 180mT 时，剪切增稠临界点的剪切速率为 50.12s^{-1}，相应的剪切应力为 5239.00Pa；峰点处的剪切速率为 100.00s^{-1}，相应的剪切应力为 11060.00Pa，剪切增稠作用使剪切应力约增大 1.11 倍。当磁感应强度为 210mT 时，不存在剪切增稠效应。由剪切应力增加倍数可以看出，磁场增加逐渐抑制剪切增稠现象的出现，直至完全消失。根据式(3-1)，剪切应力等于表观黏度与剪切速率的乘积，在相同剪切速率下，剪切应力与表观黏度呈正相关，图 3-4 变化的曲线规律符合该关系，微观水合粒子簇的生成导致宏观状态的改变。

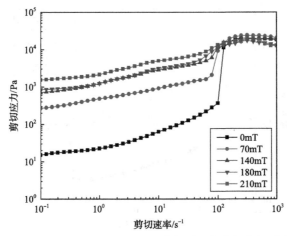

图 3-4 羰基铁粉粒径为 6.5μm 的磁性剪切增稠光整介质在不同磁感应
强度下的剪切应力随剪切速率变化曲线

　　图 3-5 给出了羰基铁粉粒径为 18μm 的磁性剪切增稠光整介质在磁感应强度为 0mT、70mT、140mT、180mT 和 210mT 下的稳态黏度随剪切速率变化曲线。由图可以发现，随着磁感应强度从 0mT 逐渐增加到 210mT，磁性剪切增稠光整介质呈现明显的剪切增稠现象，但随着磁感应强度的增加，剪切增稠现象逐渐被抑制。当磁感应强度为 0mT 时，剪切增稠临界点的剪切速率为 $25.12s^{-1}$，相应的黏度为 $5.51Pa\cdot s$；峰点处的剪切速率为 $100.00s^{-1}$，相应的黏度为 $210.50Pa\cdot s$，剪切增稠比为 38.20。当磁感应强度为 70mT 时，剪切增稠临界点的剪切速率为 $39.81s^{-1}$，相应的黏度为 $47.08Pa\cdot s$；峰点处的剪切速率为 $79.43s^{-1}$，相应的黏度为 $224.90Pa\cdot s$，剪切增稠比为 4.78。当磁感应强度为 140mT 时，剪切增稠临界点的剪切速率为 $50.12s^{-1}$，相应的黏度为 $119.60Pa\cdot s$；峰点处的剪切速率为 $125.90s^{-1}$，相应的黏度为 $227.70Pa\cdot s$，剪切增稠比为 1.90。当磁感应强度为 180mT 时，剪切增稠临界点的剪切速率为 $39.81s^{-1}$，相应的黏度为 $176.00Pa\cdot s$；峰点处的剪切速率为 $79.43s^{-1}$，相应的黏度为 $244.60Pa\cdot s$，剪切增稠比为 1.39。当磁感应强度为 210mT 时，剪切增稠临界点的剪切速率为 $39.81s^{-1}$，相应的黏度为 $213.30Pa\cdot s$；峰点处的剪切速率为 $79.43s^{-1}$，相应的黏度为 $246.80Pa\cdot s$，剪切增稠比为 1.16。

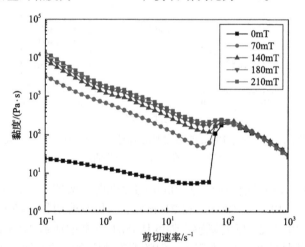

图 3-5　羰基铁粉粒径为 18μm 的磁性剪切增稠光整介质在不同磁感应强度下的
黏度随剪切速率变化曲线

　　图 3-6 给出了羰基铁粉粒径为 18μm 的磁性剪切增稠光整介质在磁感应强度为 0mT、70mT、140mT、180mT 和 210mT 下的剪切应力随剪切速率变化的曲线。在 0mT、70mT、140mT、180mT 和 210mT 磁感应强度下，当剪切速率超过临界剪切速率时，剪切应力发生突变行为，即发生剪切增稠现象。当磁感应强度为 0mT 时，剪切增稠临界点的剪切速率为 $25.12s^{-1}$，相应的剪切应力为 138.60Pa；峰点处的剪切速率为 $100.00s^{-1}$，相应的剪切应力为 21090.00Pa，剪切增稠作用使剪切应力增大 151.16 倍。当磁感应强度为 70mT 时，剪切增稠临界点的剪切速率为 $39.81s^{-1}$，

相应的剪切应力为 1975.00Pa；峰点处的剪切速率为 79.43s^{-1}，相应的剪切应力为 17800.00Pa，剪切增稠作用使剪切应力增大 8.01 倍。当磁感应强度为 140mT 时，剪切增稠临界点的剪切速率为 50.12s^{-1}，相应的剪切应力为 5995.00Pa；峰点处的剪切速率为 125.90s^{-1}，相应的剪切应力为 28680.00Pa，剪切增稠作用使剪切应力增大 3.78 倍。当磁感应强度为 180mT 时，剪切增稠临界点的剪切速率为 39.81s^{-1}，相应的剪切应力为 7009.00Pa；峰点处的剪切速率为 79.43s^{-1}，相应的剪切应力为 19450.00Pa，剪切增稠作用使剪切应力增大 1.78 倍。当磁感应强度为 210mT 时，剪切增稠临界点的剪切速率为 39.81s^{-1}，剪切应力为 8496.00Pa；峰点处的剪切速率为 79.43s^{-1}，剪切应力为 19630.00Pa，剪切应力增大 1.31 倍。

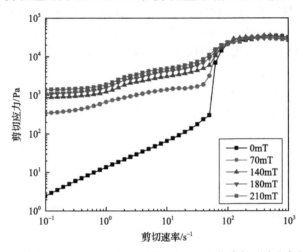

图 3-6　羰基铁粉粒径为 18μm 的磁性剪切增稠光整介质在不同磁感应强度下的
剪切应力随剪切速率变化曲线

　　图 3-7 给出了羰基铁粉粒径为 50μm 的磁性剪切增稠光整介质在磁感应强度为 0mT、70mT、140mT、180mT 和 210mT 下的稳态剪切黏度随剪切速率的变化曲线。由图 3-7 可发现，随着磁感应强度从 0mT 逐渐增加到 210mT，磁性剪切增稠光整介质呈现明显的剪切增稠现象，但随着磁感应强度的增加，剪切增稠现象逐渐被抑制。当磁感应强度为 0mT 时，剪切增稠临界点的剪切速率为 7.94s^{-1}，相应的黏度为 18.56Pa·s；峰点处的剪切速率为 39.81s^{-1}，相应的黏度为 659.30Pa·s，剪切增稠比为 35.52。当磁感应强度为 70mT 时，剪切增稠临界点的剪切速率为 10.00s^{-1}，相应的黏度为 260.70Pa·s；峰点处的剪切速率为 31.62s^{-1}，相应的黏度为 617.10Pa·s，剪切增稠比为 2.37。当磁感应强度为 140mT 时，剪切增稠临界点的剪切速率为 25.12s^{-1}，相应的黏度为 669.20Pa·s；峰点处的剪切速率为 39.81s^{-1}，相应的黏度为 777.00Pa·s，剪切增稠比为 1.16。当磁感应强度为 180mT 时，剪切增稠临界点的剪切速率为 19.95s^{-1}，相应的黏度为 880.00Pa·s；峰点处的剪切速率为 31.62s^{-1}，相应的黏度为 1093.00Pa·s，剪切增稠比为 1.24。当磁感应强度为 210mT

时，剪切增稠临界点的剪切速率为 15.85s⁻¹，相应的黏度为 1036.00Pa·s；峰点处的剪切速率为 31.62s⁻¹，相应的黏度为 1188.00Pa·s，剪切增稠比为 1.15。

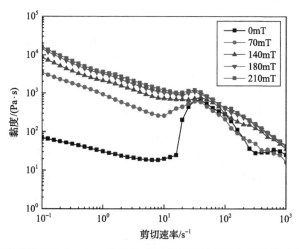

图 3-7　羰基铁粉粒径为 50μm 的磁性剪切增稠光整介质在不同磁感应强度下的
黏度随剪切速率变化曲线

　　图 3-8 给出了羰基铁粉粒径为 50μm 的磁性剪切增稠光整介质在磁感应强度为 0mT、70mT、140mT、180mT 和 210mT 下的剪切应力随剪切速率变化的曲线。在 0mT、70mT、140mT、180mT 和 210mT 磁感应强度下，当剪切速率超过临界剪切速率时，剪切应力发生突变行为，即发生剪切增稠现象。当磁感应强度为 0mT 时，剪切增稠临界点的剪切速率为 7.94s⁻¹，相应的剪切应力为 147.50Pa；峰点处的剪切速率为 39.81s⁻¹，相应的剪切应力为 26270.00Pa，剪切增稠作用使剪切应力增大 177.10 倍。当磁感应强度为 70mT 时，剪切增稠临界点的剪切速率为 10.00s⁻¹，相应的剪切应力为 2607.00Pa；峰点处的剪切速率为 31.62s⁻¹，相应的剪切应力为 19500.00Pa，剪切增稠作用使剪切应力增大 6.48 倍。当磁感应强度为 140mT 时，剪切增稠临界点的剪切速率为 25.12s⁻¹，相应的剪切应力为 16820.00Pa；峰点处的剪切速率为 39.81s⁻¹，相应的剪切应力为 30940.00Pa，剪切增稠作用使剪切应力增大 84%。当磁感应强度为 180mT 时，剪切增稠临界点的剪切速率为 19.95s⁻¹，相应的剪切应力为 17560.00Pa；峰点处的剪切速率为 31.62s⁻¹，相应的剪切应力为 34540.00Pa，剪切增稠作用使剪切应力增大 97%。当磁感应强度为 210mT 时，剪切增稠临界点的剪切速率为 15.85s⁻¹，剪切应力为 16270.00Pa；峰点处的剪切速率为 31.62s⁻¹，剪切应力 37580.00Pa，剪切应力增大 1.31 倍。

　　图 3-9 给出了三种不同羰基铁粉粒径的磁性剪切增稠光整介质在磁感应强度为 0mT、70mT、140mT、180mT 和 210mT 下的稳态剪切黏度随剪切速率变化的曲线。结果表明，不同羰基铁粉粒径的磁性剪切增稠光整介质在磁感应强度分别为 0mT、

70mT、140mT、180mT 和 210mT 时，随着羰基铁粉粒径的增大，临界剪切速率逐渐减小，羰基铁粉粒径为 18μm 的磁性剪切增稠光整介质表现更强的剪切增稠特性。

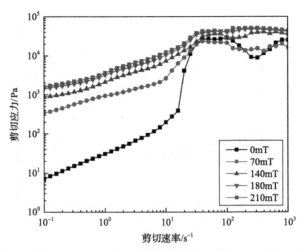

图 3-8　羰基铁粉粒径为 50μm 的磁性剪切增稠光整介质在不同磁感应强度下的
剪切应力随剪切速率变化曲线

如图 3-9(a) 所示，在 0mT 的磁感应强度下，羰基铁粉粒径为 6.5μm 的磁性剪切增稠光整介质的临界剪切速率为 63.10s^{-1}，剪切增稠比为 28.32；羰基铁粉粒径为 18μm 的磁性剪切增稠光整介质的临界剪切速率为 25.12s^{-1}，剪切增稠比为 38.20；羰基铁粉粒径为 50μm 的磁性剪切增稠光整介质的临界剪切速率为 7.94s^{-1}，剪切增稠比为 35.52。如图 3-9(b) 所示，在 70mT 的磁感应强度下，羰基铁粉粒径为 6.5μm 的磁性剪切增稠光整介质的临界剪切速率为 62.10s^{-1}，剪切增稠比为 4.36；羰基铁粉粒径为 18μm 的磁性剪切增稠光整介质的临界剪切速率为 39.81s^{-1}，剪切增稠比为 4.78；羰基铁粉粒径为 50μm 的磁性剪切增稠光整介质的临界剪切速率为 10.00s^{-1}，剪切增稠比为 2.37。图 3-9(c)～(e) 中曲线的变化趋势相似。图 3-9(c) 中，随着羰基铁粉粒径的增大，其临界剪切速率分别为 79.40s^{-1}、50.12s^{-1} 以及 25.12s^{-1}，剪切增稠比分别为 1.58、1.90 以及 1.16；图 3-9(d) 中，随着羰基铁粉粒径的增大，其临界剪切速率分别为 50.12s^{-1}、39.81s^{-1} 以及 19.95s^{-1}，剪切增稠比分别为 1.06、1.39 以及 1.24；图 3-9(e) 中，羰基铁粉粒径为 6.5μm 的磁性剪切增稠光整介质不存在剪切增稠现象，羰基铁粉粒径为 18μm 和 50μm 的磁性剪切增稠光整介质的临界剪切速率分别为 39.81s^{-1} 及 15.85s^{-1}，剪切增稠比分别为 1.16 及 1.15。磁性剪切增稠光整介质的羰基铁粉粒径不同，在相同质量下，较小的粒径含有较多的颗粒数量，拥有较大的比表面积，阻碍了 SiO$_2$ 与 PEG200 的结合，颗径为 6.5μm 的羰基铁粉的磁性剪切增稠光整介质所含颗粒数量最多，因此对 SiO$_2$ 与 PEG200 的结合阻碍强度最大。假设在磁场作用下，磨粒被 8 个羰基铁粉颗粒包围，8 个羰基铁粉颗粒位于正

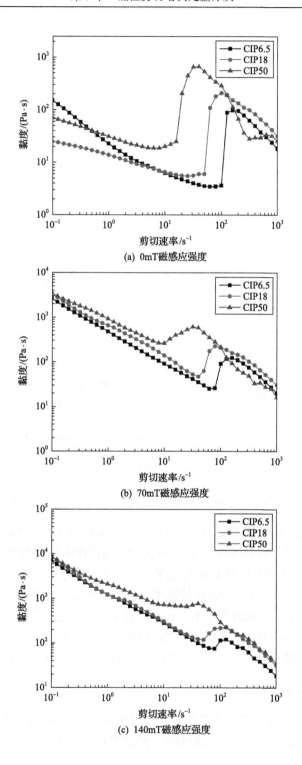

(a) 0mT磁感应强度

(b) 70mT磁感应强度

(c) 140mT磁感应强度

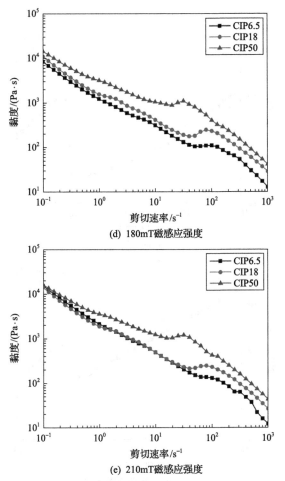

图 3-9　不同磁感应强度下的黏度随剪切速率变化的曲线

方体的 8 个顶点，磨粒位于其中心，其余空间充斥着 SiO$_2$ 与 PEG200[17,18]。基于该面心立方结构假设，随着羰基铁粉粒径的增大，相邻颗粒间残留空间增大，在此空间中包含着较多的 SiO$_2$ 与 PEG200，更容易形成水合粒子簇。但随着羰基铁粉粒径的继续增大，磁场对羰基铁粉链的控制能力进一步增加，导致 SiO$_2$ 与 PEG200 结合的阻碍进一步增加，进而减少了水合粒子簇的生成。因此，羰基铁粉粒径对剪切增稠效应的影响存在临界值，使剪切增稠效应最强，但随着羰基铁粉粒径的进一步增加，磁场对羰基铁粉链的控制能力占据主导位置，导致剪切增稠效应减弱。

3.3.2　动态剪切流变特性

通常通过动态剪切流变特性来研究材料的黏弹性行为，在一定应变范围内进行变频率扫描，能够获取流体复数黏度、储能模量及耗能模量与频率的关系曲线，进而分析流体动态变化过程[12]。假设在小振幅下对磁性剪切增稠光整介质施以应变振幅为 γ_0、振荡频率为 ω 的正弦应变：

$$\gamma(i\omega)=\gamma_0 e^{i\omega t} \tag{3-2}$$

对应的应变率为

$$\dot{\gamma}(i\omega)=i\omega\gamma_0 e^{i\omega t} = \omega\gamma_0 e^{i(\omega t+\pi/2)} \tag{3-3}$$

磁性剪切增稠光整介质的应力变化呈现正弦变化规律，且振动频率相同。由于磁性剪切增稠光整介质的黏弹性，应力与应变之间存在相位差 δ，其应力响应为

$$\tau(i\omega)=\tau_0 e^{i(\omega t+\delta)} \tag{3-4}$$

相位差 δ 的取值范围为 $[0,\pi/2]$，相位差 δ 越小，说明体系弹性越强；相位差 δ 越大，说明体系的黏性越大。对于纯弹性材料，相位差 $\delta=0$；对于纯黏性材料，相位差 $\delta=\pi/2$；对于黏弹性材料，相位差 $0<\delta<\pi/2$。

根据复数黏度的定义，复数黏度为复数应力与应变率的比值：

$$\eta(i\omega)=\frac{\tau(i\omega)}{\dot{\gamma}(i\omega)} = \frac{\tau_0}{\omega\gamma_0} e^{i(\delta-\pi/2)} = \frac{\tau_0}{\omega\gamma_0}(\sin\delta - i\cos\delta) \tag{3-5}$$

复数模量表征体系发生形变时抵抗形变的能力，复数模量越大，体系抵抗形变的能力越强。复数模量定义为应力与应变的比值，表达式如下：

$$G(i\omega)=\frac{\tau(i\omega)}{\gamma(i\omega)} = \frac{\tau_0}{\omega\gamma_0} e^{i\delta} = \frac{\tau_0}{\gamma_0}(\cos\delta + i\sin\delta) = G'(\omega) + iG''(\omega) \tag{3-6}$$

式中，储能模量 $G'(\omega)$ 为体系发生可逆形变而储存的能量，反映材料弹性特性；耗能模量 $G''(\omega)$ 为体系发生不可逆变形而损耗的能量，反映材料黏性特性，它们的公式分别为

$$G'(\omega) = \frac{\tau_0}{\gamma_0}\cos\delta \tag{3-7}$$

$$G''(\omega) = \frac{\tau_0}{\gamma_0}\sin\delta \tag{3-8}$$

在动态测量实验中，给定振荡应变振幅 γ_0 和调节振荡频率 ω，采集输出的应力 τ 和相位差 δ，由此获得体系的复数黏度及模量等振荡剪切参数。

根据上述稳态测试结果，羰基铁粉粒径为 18μm 的磁性剪切增稠光整介质在不同磁感应强度下均表现出较强的剪切增稠特性。因此，选取该光整介质在不同磁

感应强度下进行动态剪切频率测试。其扫描应变设定为 0.1%，剪切频率变化范围为 0.1～100Hz，磁感应强度设定为 0mT、70mT、100mT、140mT、180mT 和 210mT。

图 3-10 给出了在 0mT、70mT、100mT、140mT、180mT 和 210mT 磁感应强度下复数黏度随剪切频率变化的曲线。由于磁性剪切增稠光整介质中含有羰基铁粉，施加磁场发生磁流变效应，且这种效应随着磁感应强度的增大而增强，样本的复数黏度也随之逐渐增大，如图 3-10 所示。当磁感应强度为 0mT、70mT 和 100mT 时，可以明显地观察到剪切增稠效应。临界剪切频率呈现逐渐增大的趋势，分别为 25.12Hz、39.81Hz 和 61.10Hz，对应的复数黏度分别为 2.39Pa·s、8.13Pa·s 和 11.03Pa·s。施加磁感应强度时，形成的羰基铁粉链阻碍了水合粒子簇的形成。当磁感应强度进一步增大时，对水合粒子簇生成的阻碍也随之增加，需要更多的能量提供，以便生成水合粒子簇，导致临界剪切频率增大。然而，磁感应强度在140mT、180mT 和 210mT 时，观察不到剪切增稠现象的发生，仅表现为磁流变效应。随着磁感应强度增大，临界剪切频率可能超过 100Hz，由于流变仪 MCR301 测试能力有限，其剪切频率范围在 0～100Hz，无法进行进一步的验证。

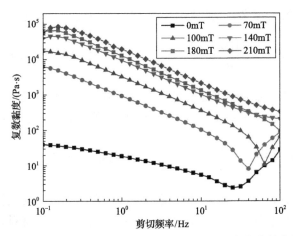

图 3-10　不同磁感应强度下复数黏度随剪切频率变化的曲线

图 3-11 和图 3-12 分别为在 0mT、70mT、100mT、140mT、180mT 和 210mT 磁感应强度下储能模量及耗能模量随剪切频率变化的曲线。结果表明，在整个动态剪切频率范围内，随着磁感应强度增大，磁性剪切增稠光整介质的储能模量与耗能模量均增大。当磁感应强度为 0mT 时，储能模量与耗能模量呈现出先上升，再下降，最后上升的趋势。在初始阶段，少量团聚体生成，储能模量增大，然而增加的团聚体导致颗粒间的内摩擦力增大；体系的耗能模量呈现增大的趋势，随着剪切频率的进一步增大，团聚体被大量破坏，生成大量的水合粒子簇，耗能模量呈现出先减小后急剧增大的趋势。

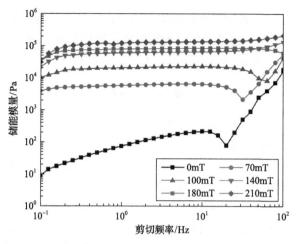

图 3-11　不同磁感应强度下储能模量随剪切频率变化的曲线

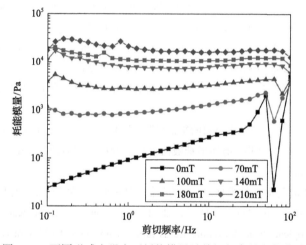

图 3-12　不同磁感应强度下耗能模量随剪切频率的变化曲线

由图 3-11 和图 3-12 可以发现，当施加非零磁场时，储能模量与耗能模量均随着磁感应强度的增大而增大，且储能模量高于耗能模量，这时磁场对羰基铁粉的作用力增强，导致颗粒间的内聚力及内摩擦力增大，从而引起了储能模量与耗能模量的增大。根据储能模量与耗能模量的关系[19]，磁性剪切增稠光整介质表现为以弹性为主的储能体系，其形态表现为固态或半固态特征。当磁感应强度为 70mT 和 100mT 时，在较小的剪切频率下，储能模量和耗能模量与剪切频率呈现线性关系，磁性剪切增稠光整介质表现为线性黏弹性。在临界剪切频率之前，微观结构的衍化及羰基铁粉链结构的破坏，使得储能模量与耗能模量减小。在临界剪切频率范围内，水动力促进大量水合粒子簇的形成，储能模量和耗能模量急剧增大，磁性剪切增稠光整介质表现为非线性黏弹性。当磁感应强度为 140mT、

180mT、210mT 时，在整个动态剪切频率范围内，并不呈现出剪切增稠效应，仅表现为磁流变效应[20-22]，这可能是因为发生剪切增稠的临界剪切频率超过 100Hz，受到流变仪 MCR301 测试性能的限制，无法进一步验证。

参 考 文 献

[1] 田业冰，范增华，刘志强，等. 一种微细结构化表面光整加工方法、介质及装置: ZL 201710002212.7. 2019-01-01.

[2] Fan Z H, Tian Y B, Zhou Q, et al. Enhanced magnetic abrasive finishing of Ti-6Al-4V using shear thickening fluids additives. Precision Engineering, 2020, 64: 300-306.

[3] 周强. 微细结构表面磁性剪切增稠光整加工工艺研究. 淄博: 山东理工大学, 2021.

[4] 白杨. 磁流变抛光液的研制及去除函数的稳定性研究. 长春: 中国科学院长春光学精密机械与物理研究所, 2015.

[5] Ding J, Tracey P, Li W H, et al. Review on shear thickening fluids and applications. Textiles and Light Industrial Science and Technology, 2013, 2(4): 161-173.

[6] Zarei M, Aalaie J. Application of shear thickening fluids in material development. Journal of Materials Research and Technology, 2020, 9(6): 10411-10433.

[7] 李琳光. 防弹衣式新型磨具设计与制造及高剪低压磨削试验研究. 淄博: 山东理工大学, 2020.

[8] 秦建彬. 剪切增稠液及其复合材料的制备与性能研究. 西安: 西北工业大学, 2017.

[9] 陈红霞，曹海建，黄晓梅. 剪切增稠液流变性能的影响因素研究. 化工新型材料, 2019, 47(11): 137-140.

[10] 彭传玉. 剪切增稠液-碳纤维复合材料的制备与性能研究. 大连: 大连理工大学, 2015.

[11] Qian C, Tian Y B, Fan Z H, et al. Investigation on rheological characteristics of magnetorheological shear thickening fluids mixed with micro CBN abrasive particles. Smart Materials and Structures, 2022, 31(9): 095004.

[12] 陈开慧. 剪切增稠液的非牛顿流变行为及其微观机理的数值研究. 合肥: 中国科学技术大学, 2020.

[13] 曹赛赛. 剪切增稠液的力学特性和防护应用研究. 合肥: 中国科学技术大学, 2020.

[14] Li W H, Nakano M, Tian T F, et al. Viscoelastic properties of MR shear thickening fluids. Journal of Fluid Science and Technology, 2014, 9(2): JFST0019.

[15] Sokolovski V, Tian T F, Ding J, et al. Fabrication and characterisation of magnetorheological shear thickening fluids. Frontiers in Materials, 2020, 7: 1-9.

[16] Singh M, Singh A K. Magnetorheological finishing of variable diametric external surface of the tapered cylindrical workpieces for functionality improvement. Journal of Manufacturing Processes, 2021, 61: 153-172.

[17] Misra A, Pandey P M, Dixit U S. Modeling of material removal in ultrasonic assisted magnetic abrasive finishing process. International Journal of Mechanical Sciences, 2017, 131: 853-867.

[18] Li W H, Li X H, Yang S Q, et al. A newly developed media for magnetic abrasive finishing process: Material removal behavior and finishing performance. Journal of Materials Processing Technology, 2018, 260: 20-29.

[19] Qin J B, Zhang G C, Shi X T, et al. Study of a shear thickening fluid: The dispersions of silica nanoparticles in 1-butyl-3-methylimidazolium tetrafluoroborate. Journal of Nanoparticle Research, 2015, 17(8): 1-13.

[20] Tian Y B, Fan Z H, Zhou Q, et al. A novel magnetic shear thickening finishing method, tool and media. International Association of Advanced Materials (IAAM) Fellow Lecture in the Advanced Materials Lectures Serials, Zibo, 2020.

[21] Tian Y B. A novel magnetic shear thickening finishing method, media and finishing characteristics. The 6th International Symposium on Micro/nano Mechanical Machining and Manufacturing, Chongqing, 2021.

[22] Tian Y B. A novel magnetic shear thickening finishing method, magnetic tool, media and finishing characteristics for difficult-to-machine materials. The 16th China-Japan International Conference on Ultra-Precision Machining Processes, Jinan, 2022.

第4章 四磁极耦合旋转磁场磁性剪切增稠光整加工

4.1 四磁极耦合旋转磁场光整加工原理

磁性剪切增稠光整加工旨在提高工件表面加工精度和表面质量，属于精密与超精密加工工艺[1-5]。光整介质和光整区域的磁场是影响工件表面质量的重要因素。不同的磁场发生装置不仅可以影响加工区域的磁感应强度与磁场梯度，还可以调控磁场对光整介质的把控能力及磨粒的加工角度，进而控制加工后工件的表面质量。目前，磁场发生装置主要包括电磁发生装置和永磁发生装置。电磁发生装置可通过控制电流的大小及方向实现对光整区域磁感应强度的精准调控。电磁发生装置结构复杂且占用空间较大，加工过程中电磁线圈存在涡流效应，从而产生热效应，不适合长期工作，加工效率较低。与电磁发生装置相比，永磁发生装置不需要外源场就可为光整区域提供稳定的磁场。永磁发生装置磁化后能保持稳定的磁性，且可根据工件的形状对磁极进行定制化生产，具有制造成本低和绿色环保的优势，广泛应用于磁场发生装置的制造。围绕磁场发生装置的设计，学者聚焦于各种形状的单磁极及圆柱单磁极端面开槽的研究，主要针对某种特定形状的工件进行光整加工，目前对多磁极耦合磁场的研究涉及较少。

根据多磁极耦合的特点，本章提出了基于四磁极耦合旋转磁场的光整加工方法，设计了一种通用性强、磁场可调、光整区域大的四磁极耦合旋转磁场光整装置，并基于研制的磁性剪切增稠光整介质[6-10]，针对难加工材料钛合金展开光整实验研究[7]，分析其光整加工特性。图4-1为四磁极耦合旋转磁场光整加工原理示意图。光整介质由碳化硅磨料、羰基铁粉、分散相和分散介质等组成。根据工件的材料和形状，调整四磁极空间排布组合，形成四磁极耦合磁场。光整介质填充在四磁极耦合磁场发生装置的挡板与被加工工件所形成的加工间隙中，在四磁极耦合磁场作用下沿着磁力线方向聚集在工件的表面生成"柔性仿形粒子簇"。当四磁极耦合旋转磁场控制驱动磁性剪切增稠光整介质与固定在工作平台上往复进给运动的工件表面的微凸峰接触、碰撞、挤压作用时，新型磁性剪切增稠介质在反切向载荷阻抗力及磁场耦合作用下迅速发生剪切增稠的"群聚效应"，在"柔性仿形粒子簇"中产生"增强粒子簇"，进一步提高对磨粒的把持强度，形成"增强柔性仿形粒子簇"，工件表面微凸峰处形成的反切向载荷阻抗力因"群聚效应"增强而增大，当超过材料临界屈服应力时，工件表面微凸峰被"增强柔性仿形粒子簇"

微/纳磨粒去除；当越过并去除了工件表面微凸峰时，"群聚效应"弱化，"增强柔性仿形粒子簇"恢复至初始状态。当磨粒再次接触工件表面微凸峰时，光整加工会重复接触阶段、去除阶段、恢复阶段的过程，在"剪切增稠"与"磁化增强"双重作用下形成的"增强柔性仿形粒子簇"往复循环去除工件表面的微凸峰，从而实现工件表面材料光整去除。

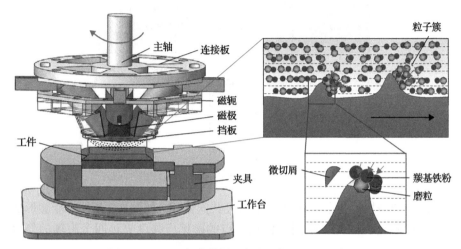

图 4-1　四磁极耦合旋转磁场光整加工原理示意图

在光整加工过程中，为实现材料的去除，工件表面受到光整介质磨粒的滑动、滚动、切削等运动作用力。磨粒产生的作用力为磁场作用下磁性颗粒的磁场力和光整介质在增稠状态对磨粒的包裹力，在两个力的合力作用下产生对工件表面微凸峰的切向力 F_D 和法向光整力 F_S，从而使磨粒具有对工件表面微凸峰切削的作用力。

面向四磁极耦合磁场，永磁体对外显示宏观磁性的根源是磁体内部分布着一定的极化电流。如图 4-2 所示，厚度为 dz 的电流层的磁感应强度为 dB，由毕奥-萨伐尔定律(Biot-Savart law)(式(4-1)和式(4-2))获取目标计算点的磁感应强度 B_1。

$$dB = \frac{\mu_0}{4\pi} \cdot \frac{Idl}{r^2} \tag{4-1}$$

$$B_1 = \frac{\mu_0 IR^2}{2r^3} = \frac{\mu_0 IR^2}{2(R^2 + x_1^2)^{3/2}} \tag{4-2}$$

式中，dB 为磁感应强度微量；μ_0 为真空中的磁导率；R 为磁极半径；I 为环路电流强度；Idl 为电流元；r 为电流元指向计算点的矢量。

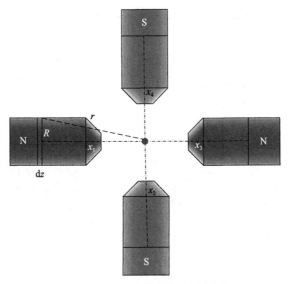

图 4-2　四磁极耦合作用示意图

所设计的磁场发生装置由四个永磁极共同作用，如图 4-2 所示，能够形成复合的磁感应强度。因此，空间中任意一点的磁感应强度 B 是四个磁场的复合，表达式如下：

$$B = \sum_i^n \left[\frac{\mu_0 I R^2}{2\left(R^2 + x_i^2\right)^{3/2}} \right] \tag{4-3}$$

式中，x_i 为计算点到每个磁极电流层中心点的矢量；n 为实际参与加工的有效磨粒数量，n 的最大值取 4。

在磁场辅助光整加工中，磨粒对工件的切削力主要由磁场力提供，单颗磨粒对工件的法向光整力 F_S 为

$$F_S = \frac{B^2 A_M}{2n\mu_0}\left(1 - \frac{1}{\mu_m}\right) \tag{4-4}$$

将式(4-3)代入式(4-4)可得

$$F_S = \sum_i^n \left[\frac{\mu_0 I^2 R^4 A_M}{8n\left(R^2 + x_i^2\right)^3}\left(1 - \frac{1}{\mu_m}\right) \right] \tag{4-5}$$

式中，μ_m 为磁性介质的相对磁导率；A_M 为磁性介质簇与工件的有效接触面积。

由式(4-1)~式(4-5)可知，所设计的四磁极耦合旋转磁场光整加工装置在加工位置点的复合磁感应强度大于单磁极的磁感应强度。由式(4-5)可知，永磁体内部分布的极化电流越大，磁极表现的磁感应强度越大，磨粒所受作用力越大。当磁性介质质量相同时，大粒径的磨料数量比小粒径少，磨粒对工件的法向压力会更大，材料去除率会更高。针对不同表面粗糙度的工件，选用合适的光整介质可最大限度提高其表面质量。

表面粗糙度的提高率 ΔR_a 是评判加工性能的重要指标，其表达式为

$$\Delta R_a = \frac{R_{aQ} - R_{aH}}{R_{aQ}} \times 100\% \tag{4-6}$$

式中，R_{aQ} 为加工前的粗糙度；R_{aH} 为加工后的粗糙度。

4.2　四磁极耦合旋转磁场光整加工工具

4.2.1　磁路设计基本理论

磁路设计的基本原则是在满足实验条件的情况下，所用到的永磁材料越少越好，即其体积应达到最小。解决该问题的方法就是使磁极的工作点放在最大磁能积附近。在该磁场发生装置的设计中，为尽可能降低漏磁现象，磁极安装在软磁性材料制成的磁轭上，漏磁效应较弱，在光整区域可以保持较高的磁感应强度。因此，可按无漏磁现象进行设计，磁路的设计应满足磁路欧姆定律、安培环路定理(Ampère's circuital theorem)和基尔霍夫定律。

1. 磁路欧姆定律

为使励磁电流产生的磁通达到最大，需在电磁元件或设备中放置一定形状的铁心，从而使磁通能沿着铁心形成闭合路径。磁通 Φ 的表达式为

$$\Phi = \frac{F_m}{R_m} \tag{4-7}$$

$$F_m = NI \tag{4-8}$$

$$R_m = \frac{l}{\mu s} \tag{4-9}$$

式中，F_m 为磁动势；R_m 为磁阻；N 为线圈的匝数；I 为磁化电流；l 为平均长度；s 为横截面面积；μ 为磁导率。

由式(4-7)~式(4-9)可知，光整区域中磁通的大小和磁导率相关，若要在加

工区域中得到较大的磁通，则需要增大磁导率。

　　采用磁场发生装置进行光整加工时，所用光整介质含有铁磁性物质，图4-3为铁磁性物质的磁化曲线和随着磁场强度变化的磁导率(μ - H)曲线。

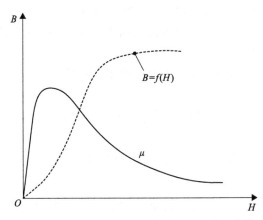

图 4-3　铁磁性物质的磁化曲线和μ-H关系曲线

　　由图 4-3 可以看出，磁感应强度 B 随磁场强度 H 的增大而增大，当磁场强度达到一定值时，磁感应强度趋于恒定，即铁磁性物质达到磁饱和状态。由图 4-3 还可以看出，磁导率 μ 先随着磁场强度的增大而增大，然后开始逐步减小。同时，磁阻 R_m 也做相应的变化。为表示方便，用磁阻的导数 Λ_m 来表示磁路欧姆定律，即

$$\Lambda_m = \frac{l}{R_m} = \frac{\mu s}{l} \tag{4-10}$$

$$\Phi = F_m = \Lambda_m \tag{4-11}$$

2. 安培环路定理

　　在稳恒磁场中，磁感应强度 B 沿任何闭合路径 L 的线积分等于该闭合路径所包围各个电流的代数和乘以磁导率，这个结论称为安培环路定理。安培环路定理可由毕奥-萨伐尔定律导出，反映了稳恒磁场的磁感应线和载流导线相互套连的性质。

　　安培环路定理为

$$\oint_L B \mathrm{d}r = \mu_0 \sum_{j=1}^{n} I_j \tag{4-12}$$

式中，B 为磁感应强度，T；I 为电流强度，A；j 为磁路节点数量。

　　式(4-12)说明在恒定电路的磁场中，路径 L 上所包含的电流强度代数和为磁感应强度 B 沿路径 L 的线积分，对于永磁场，安培环路定理为

$$\oint_L Hdl = 0 \qquad (4\text{-}13)$$

3. 基尔霍夫定律

和电路相似，磁路遵循基尔霍夫定律，即

$$\sum \Phi_j = \sum B_j S_j = 0 \qquad (4\text{-}14)$$

式中，Φ_j 为每个磁路节点的电流的磁通；B_j 为每个磁路节点的磁感应强度；S_j 为每个磁路节点的横截面积。

进入某节点时的电流为正值，离开该节点时的电流为负值，通过该节点电流的代数和等于零，该原理称为基尔霍夫第一定律，也称为磁通连续性原理。

式(4-15)为基尔霍夫第二定律，即在磁路的任意闭合回路中，所有元件两端压降的代数和等于环绕这个回路的所有电动势的代数和：

$$\sum \Phi_j R_{mj} = \sum H_j l_j = \sum N I_j \qquad (4\text{-}15)$$

4.2.2　磁极材料的选用

磁极的各项参数直接影响"增强柔性仿形粒子簇"和工件的相对速度、光整压力等，进而影响加工效果。永磁材料各项磁性能越强，同等间隙下光整区域的磁感应强度和磁感应梯度越大，"增强柔性仿形粒子簇"对工件表面微凸峰的切削力相应越大，光整效率越高。

1. 永磁材料的种类和磁性能

在现代工业与科学技术中，永磁材料广泛应用于磁场能源材料。永磁材料主要包括铸造永磁材料、铁氧体永磁材料、稀土永磁材料和复合永磁材料四大类，如表 4-1 所示。铸造永磁材料虽然含有较多的战略金属钴和镍，但其居里温度 T_c 高，温度变化系数小，剩余磁感应强度可达 1.32T。铁氧体永磁材料的原材料资源丰富，在高频条件下具有较高的磁导率，因此广泛应用于高频弱电领域，如汽车工业、音箱设备、通信器材、家用电器等[11,12]。

稀土永磁材料也称为恒磁材料，主要分为稀土钴和钕铁硼永磁材料，于 20 世纪 70 年代开始工业化生产，由于稀土永磁材料中所含的钴和镍资源稀缺，到 70 年代末永磁材料的生产产能已受到严重影响。1984 年，佐川真仁发明的 NdFeB 系金属间化合物，因其材料资源丰富、性能优良、具有很大的市场潜力，迅速成为第三代稀土永磁材料的代表。

钕铁硼是由多相组成的合金材料，其中以 $Nd_2Fe_{14}B$ 为主相，所占比例为 80%～85%，还有富 Nd 相、富 B 相，除此之外还有少量的 $\alpha\text{-Fe}$ 相。主相 $Nd_2Fe_{14}B$ 作为磁性材料中唯一的磁性相，其含量严重影响着合金的剩磁和最大磁能积。富 Nd 相决定着合金的磁硬化程度，对钕铁硼的磁性起稀释作用，其含量越少越好。钕铁硼合金的化学组成成分中，铁为主要元素，其中钕元素质量分数约为 30%，硼元素质量分数约为 1%。钕铁硼合金的机械性能优于其他永磁材料，但其居里温度低导致热稳定性差。

　　钕铁硼永磁材料作为储能体能够储存较高的能量，且因其密度较高，合金内部间隙仅需较小的磁体体积就能产生磁场，即永磁体在产生同样大小的磁感应强度时，所拥有的磁能越高，所需的磁性材料越少。

　　钕铁硼永磁材料磁性能强，其剩余磁感应强度 B_r 可达 1.4T，矫顽力 H_c 为 992kA/m，由于钕、铁、硼元素资源丰富，其价格便宜，因此广泛应用于汽车工业、通信、核磁共振成像和交通运输等领域。但材料中含有大量铁、钕元素，易腐蚀，因此在使用永磁材料钕、铁、硼时，需要在其表面进行涂层处理。对各类永磁材料进行对比后，磁极材质选用各项磁性能优良、成本较低、牌号为 N38 的稀土系烧结永磁材料钕铁硼（Nd-Fe-B），其各项性能如表 4-1 所示。

表 4-1　永磁材料的成分与性能

类别	型号	代表性成分	B_r /T	H_c / (kA/m)	$(BH)_{max}$ / (kJ/m^3)	T_c /℃
铸造永磁材料	AlNiCo5 系	8%～12%Al，15%～22%Ni，5%～24%Co，3%～6%Cu，余 Fe（质量分数）	0.7～1.32	40～60	9～56	890
	AlNiCo8 系	7%～8%Al，14%～15%Ni，34%～36%Co，5%～8%Ti，3%～4%Cu，余 Fe（质量分数）	0.8～1.05	110～160	40～60	860
铁氧体永磁材料	钡铁氧体、锶铁氧体、黏结铁氧体	$BaO·6Fe_2O_3$（分子式）$SrO·6Fe_2O_3$（分子式）	0.3～0.44	250～350	25～36	450
稀土永磁材料	1：5 型 Sm-Co 永磁	62%～63%Co，37%～38%Sm（质量分数）	0.9～1.0	1100～1540	117～179	720
	2：17 型 Sm-Co 永磁	$Sm(Co_{0.69}Fe_{0.2}Cu_{0.1}Zr_{0.01})_{7.2}$	1.0～1.3	500～600	230～240	800
	烧结 Nd-Fe-B 永磁	$Nd_{13.5}(Fe, M)_{余}B_{6.1～7.0}$（质量分数）	1.1～1.4	800～2400	240～400	310～510
	黏结 Nd-Fe-B 永磁	$Nd_{4～13}(Fe, M)_{余}B_{6～20}$（质量分数）	0.6～1.1	800～2100	56～160	310
其他永磁材料	Fe-Cr-Co 系永磁	33Cr-16Co-2Si-余 Fe（质量分数）	1.29	70.4	64.2	500～600
	Pt-Co 系永磁	76～78Co-余 Pt（质量分数）	0.79	320～400	40～50	520～530

注：$Sm(Co_{0.69}Fe_{0.2}Cu_{0.1}Zr_{0.01})_{7.2}$ 表示 Sm 原子数，(CoFeCuZr) 原子数=1：7.2，Co、Fe、Cu、Zr 占 CoFeCuZr 的质量比分别为 0.69、0.2、0.1、0.01。

2. 钕铁硼永磁材料性能

1）饱和磁化强度 M_S

饱和磁化强度 M_S 是衡量磁性材料性能的重要指标，由布洛赫（Bloch）定律可知，饱和磁化强度 M_S 表达式如下：

$$M_S = M_{S1}\left[1 - 0.1187\alpha\left(\frac{T}{T_c}\right)^{3/2}\right] \tag{4-16}$$

式中，M_{S1} 为绝对饱和磁化强度；α 为立方晶体取值；T 为原料温度；T_c 为居里温度。

2）磁导率 μ

磁导率 μ 反映材料的磁化性能，取值为磁感应强度 B 与磁场强度 H 之比。

3）最大磁能积 $(BH)_{\max}$

磁能积 BH 为退磁曲线上任何一点的磁感应强度 B 和磁场强度 H 的乘积，即 $B \times H = BH$，其代表磁铁在气隙空间所建立的磁能量密度，即气隙单位体积的静磁能量，是众多磁参数之一，其直接的工业意义是磁能积越大，产生同样效果时所需的磁材料越少。磁能积随磁感应强度变化的关系曲线称为磁能积曲线，如图 4-4 所示，其中 1、2 代表退磁曲线，3、4 代表磁能积曲线，B_r 为剩余磁感应强度，H 为磁场强度，H_c 为矫顽力。对于一块完整的磁铁，$(0, B_r)$ 点和 $(H_c, 0)$ 点上的磁能积都等于零。$(0, B_r)$ 点相当于磁铁两端理想短路，即两端磁阻为零；$(H_c, 0)$ 点相当于磁铁两端理想开路，即两端的磁阻为无穷大。由此可见，在这两种情况下，磁铁本身没有磁能输出，磁铁对外明显不发生作用。而相对于退磁曲线为直线的永磁材料，显然 $(H_c/2, B_r/2)$ 处的磁能积最大，即 $(BH)_{\max} = (1/4)B_r \times H_c$。

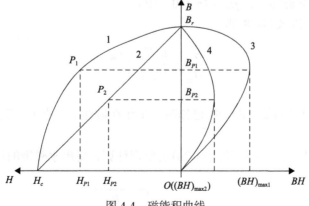

图 4-4　磁能积曲线

4.2.3　磁极尺寸的设计与计算

要实现光整加工装置对工件表面的光整加工，需要保证在加工过程中工具始终对工件施加一定的压力，且保证工具与工件做相对运动。光整加工装置的作用是使光整介质按照磁场中的磁力线呈链式分布，形成用于光整加工的"增强柔性仿形粒子簇"，在磁极的作用下与工件做相对运动。

设计光整加工所需的交变磁场由永磁极提供，磁极的形状、尺寸以及分布决定了磁力线和磁感应强度的分布。

由基尔霍夫第一定律 $\sum \Phi_j = \sum B_j S_j = 0$ 可得出：

$$B_m S_m = K_f B_g S_g \tag{4-17}$$

式中，B_m 为永磁极工作区域的磁感应强度，T；S_m 为永磁极的横截面面积，m^2；B_g 为加工气隙的磁感应强度，T；S_g 为加工气隙的横截面面积，m^2；K_f 为漏磁系数，其值变化范围较大且难以精确考虑，实际应用中通常取 1～20。

根据基尔霍夫第二定律，由于是永磁极，则由 $\sum H_j l_j = 0$ 得到

$$H_m L_m = K_r H_g L_g \tag{4-18}$$

式中，H_m 为永磁极工作区域的磁场强度，A/m；L_m 为永磁极的长度，m；H_g 为加工气隙的磁场强度，A/m；L_g 为加工气隙的长度，mm；K_r 为磁阻系数，在实际应用中通常取 1.2～5。

将式(4-17)和式(4-18)相乘得

$$\mu_0 K_g H_m^2 L_g S_g = B_m S_m L_m H_m \tag{4-19}$$

式中，μ_0 为真空磁导率，$\mu_0 = 4\pi \times 10^{-7}\,H/m$。

式(4-17)除以式(4-18)得

$$\frac{B_m}{H_m} = \frac{\mu_0 K_f S_g L_m}{K_r L_g S_m} \tag{4-20}$$

当磁性介质光整加工的间隙已知时，工作在最佳工作点上永磁极的 $\dfrac{B_m}{H_m}$ 近似

等于 $\dfrac{B_r}{H_c}$，通过对式(4-19)和式(4-20)的整理计算，得出永磁极的尺寸为

$$L_m = K_r H_g L_g \sqrt{\frac{B_r}{H_c (BH)_{max}}} \tag{4-21}$$

$$S_m = K_f H_g S_g \sqrt{\dfrac{H_c}{B_r (BH)_{\max}}} \tag{4-22}$$

通过查阅永磁极相关资料和实验经验值可知 $K_f = 1.30$、$K_r = 1.55$，当选用 N38 的钕铁硼永磁极时，$B_r = 1.25\mathrm{T}$、$H_c = 899\mathrm{kA/m}$、$(BH)_{\max} = 287\mathrm{kJ/m^3}$，最终计算永磁极的尺寸为 $L_m = 6.8\mathrm{mm}$、$S_m = 358.9\mathrm{mm^2}$。假设应用圆柱形磁铁，根据实际加工情况，将磁极尺寸设计成底面半径为 9mm，高为 35mm，如图 4-5(a)所示。为方便光整加工，磁极一端设计成平锥形，如图 4-5(b)所示。

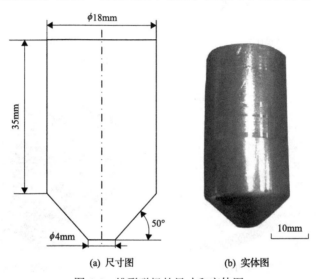

(a) 尺寸图　　　　　　　　(b) 实体图

图 4-5　锥形磁极的尺寸和实体图

4.2.4　磁场发生装置的结构设计

四磁极耦合旋转磁场发生装置如图 4-6 和图 4-7 所示，磁轭设计成近似圆的八边形，以方便加工过程中装置的旋转运动。为削弱漏磁现象对磁感应强度的影响，四磁极耦合旋转磁场发生装置中的磁轭采用 45#钢制成，显著增强了光整加工区域的磁感应强度，但是由于其质量太大，难以保证高速旋转时的动平衡。

在四磁极耦合旋转磁场发生装置的基础上，进一步设计了轻量化四磁极耦合旋转磁场发生装置，如图 4-7 所示。磁轭进行了特殊化设计，由两片薄板组成，降低了装置的质量，提高了最大旋转速度。同时，在两片薄板上开有多个定位孔，可以根据不同需求进行二次开发利用。四个磁极通过导杆分别连接在磁轭上，可使磁力线在磁轭上形成闭合回路，降低漏磁效应。同时，经过特殊简化设计的导杆能够调节在磁轭上的位置，以实现四个磁极更大范围的位置调整，进而实现不同形状工件的表面光整。磁极套可以自由拆卸，方便合理安排或调整磁极(N、S

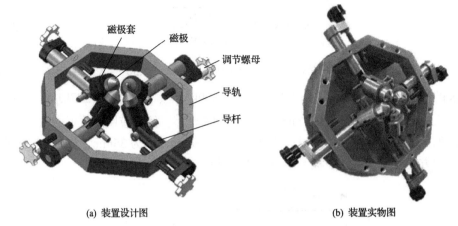

(a) 装置设计图　　　　　　　　　　　　　　(b) 装置实物图

图 4-6　典型四磁极耦合旋转磁场发生装置

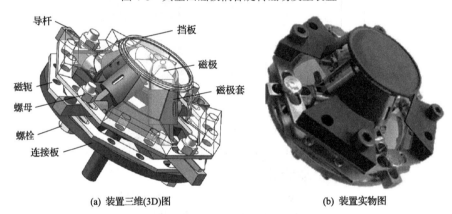

(a) 装置三维(3D)图　　　　　　　　　　　(b) 装置实物图

图 4-7　轻量化四磁极耦合旋转磁场发生装置

极)的位置分布,改变磁路方向及磁力线的回路和数量,实现对光整介质的智能控制,完成工件表面高效光整加工。在轻量化四磁极耦合旋转磁场发生装置设计中,增加了磁极外侧可拆卸挡板,用来放置加工所用的磁性剪切增稠光整介质,避免光整介质与磁极直接接触,便于更换光整介质,且能有效防止介质的旋转飞溅,减少浪费。导杆、磁极套、磁轭、连接板的零件材质均为 45#钢,具有较好的硬度和耐磨性,能够满足加工过程中的要求。

4.3　四磁极耦合旋转磁场有限元分析

4.3.1　单磁极仿真分析

ANSYS Maxwell 仿真过程根据不同情况有不同的操作流程。本节以单磁极为例,在 ANSYS Maxwell 环境下,对单磁极进行仿真分析。

1. 创建项目

对所用磁极的磁感应强度及磁力线进行二维仿真，使用 ANSYS Maxwell 中 Insert Maxwell 2D Design 命令，建立 Maxwell 2D 分析设计类型。

2. 选择求解器类型

磁极设置为永磁材料，在静止状态下进行仿真，计算模型选择静磁场。在仿真过程中，若磁极或磁场发生变化，计算模型则选择静磁场。选择 Solution type 中用于永磁场磁极仿真分析的 Magnetostatic 静态磁场有限元求解器。

3. 构建几何模型

磁场发生装置中磁极尺寸如图 4-5(a) 所示。对于复杂几何图形，可在计算机辅助设计 (computer aided design，CAD)、SolidWorks 等二维、三维建模软件中建立模型，然后导入 ANSYS Maxwell 中。图 4-8 为建立的锥形磁极几何模型。

4. 材料属性确定

永磁材料为磁感应强度较高的钕铁硼 N38，在材料添加窗口中选择永磁材料，如图 4-9(a) 所示。通过定义剩磁和矫顽力两个参数就可以确定

图 4-8　建立的锥形磁极几何模型

钕铁硼的具体牌号，如图 4-9(b) 所示，钕铁硼 N38 的矫顽力 H_c 为 899kA/m，剩余磁感应强度 B_r 为 1.2T。

(a) 设置永磁材料

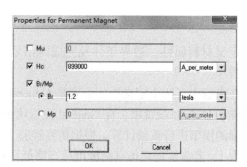

(b) 钕铁硼N38属性

图 4-9　永磁极材料的设置

5. 加载边界条件

在该模型中，数值计算涉及散磁及远处磁场，若绘制较大的求解域，则会增加计算成本，因此边界条件选择气球边界(Balloon)，也称为无穷远边界，可以避免绘制较大的求解域，从而减少求解器的运算复合，提高效率。

6. 网格划分

材料属性和边界条件定义完成后，对磁极进行网格划分。在有限元建模分析中，网格划分是最为关键的一步，合理的网格划分能使计算机在有限的资源下获得较为精确的计算结果。ANSYS Maxwell 提供了自适应剖分功能，可根据自身经验划分网格长度。该磁极模型的网格划分中，采用自适应剖分功能划分的长度为0.5mm。通过仿真优化，网格划分长度满足计算要求，如图 4-10 所示。

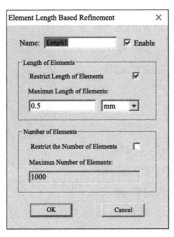 

(a) 网格划分条件　　　　　　　(b) 网格划分模型

图 4-10　锥形磁极网格划分

7. 求解设置

定义材料属性、边界条件及完成网格划分后，进一步添加静磁场条件下的求解设置项。

在求解中有四个定义项，分别是 General 设置项、Convergence 设置项、Solver 设置项和 Default 设置项。在 General 设置项中，正确地设置最大收敛步数可避免对不正确的模型进行重复计算。根据仿真经验，最大收敛步数一般取 10，百分比误差一般取 1，若需要提高仿真精度可适当降低该数值。Convergence 设置项中，自适应剖分百分比根据仿真经验一般取 30，最小计算步数一般取 2，最小收敛步数一般取1。Solver 设置项中非线性残差决定了收敛计算精度，根据经验，一般设置为 0.0001。

8. 后处理

仿真结果通过后处理直接获取, 后处理得到的磁感应强度分布云图如图 4-11(a)
所示。磁极侧壁及锥部磁感应强度较大, 其数值可达到 0.8T。在远离磁极的区域,
磁感应强度逐渐递减。

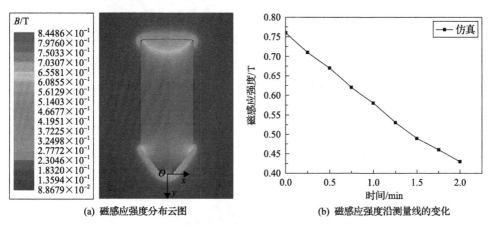

(a) 磁感应强度分布云图　　　　　　　(b) 磁感应强度沿测量线的变化

图 4-11　锥形磁极的磁场性能

为确定磁感应强度的具体变化, 在图 4-11(a)所示的 x、y 坐标原点处向下画
线, 可得到沿这条线的仿真磁感应强度, 如图 4-11(b)所示。由图可看出, 在锥部
的磁感应强度可达到 0.76T, 随着远离磁极, 磁感应强度逐渐降低, 在距离磁极
2mm 处, 磁感应强度降到 0.45T。

4.3.2　四磁极耦合旋转磁场发生装置仿真及磁场力测量

基于 ANSYS Maxwell 磁场仿真软件对四磁极耦合旋转磁场发生装置进行仿
真, 图 4-12 为二维磁力线分布。图 4-12(a)为磁极 N-N-S-S 排列方式, 磁力线从
N 极出发, 回到 S 极, 该装置的磁力线可形成两条闭合回路。图 4-12(b)为 N-S-N-S
排列方式, 磁力线可以形成四条闭合回路。

图 4-13 为典型四磁极耦合旋转磁场发生装置的三维磁感应强度分布图,图 4-14
为轻量化四磁极耦合旋转磁场发生装置的三维磁感应强度分布图。与典型四磁极
耦合旋转磁场发生装置相比, 轻量化四磁极耦合旋转磁场发生装置加工区域的磁
感应强度更大、更集中。由三维图可以看出, 磁极、导杆和磁轭可以形成连贯的磁
感应区域, 磁感应强度充斥着整个磁轭, 并且在磁极的顶部有较大的磁感应强度。

基于轻量化四磁极耦合旋转磁场发生装置的三维仿真结果, 获取沿图 4-15 中
线 1 和线 2 方向的磁感应强度。考虑到挡板的厚度, 线 1 的起点设置在距离磁极
最低点 1mm 处,线 2 的起点设置在距离两个磁极最低点连线中心处下方 1mm 处。

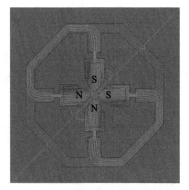 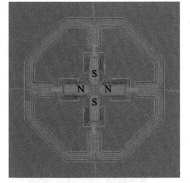

(a) 磁极N-N-S-S排列   (b) 磁极N-S-N-S排列

图 4-12 四磁极耦合旋转磁场发生装置磁力线分布仿真

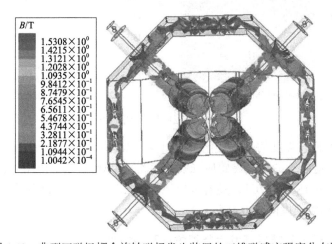

图 4-13 典型四磁极耦合旋转磁场发生装置的三维磁感应强度分布图

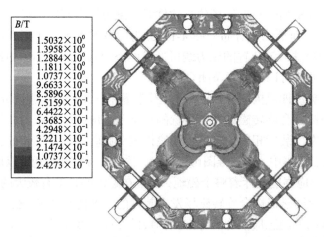

图 4-14 轻量化四磁极耦合旋转磁场发生装置的三维磁感应强度分布图

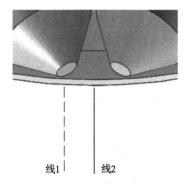

图 4-15　磁感应强度测量位置

在目标路径上的磁感应强度变化如图 4-16 所示。由图可知，在线 1 和线 2 的起点处，仿真结果分别为 449mT 和 256mT。随着距离起点的位置越远，磁力线越分散，磁感应强度越小，磁感应强度沿分布线呈下降趋势。线 1 和线 2 在距离起点 7mm 处的仿真结果分别为 61mT 和 43mT。随着距离的增加，线 1 的磁感应强度始终大于线 2。

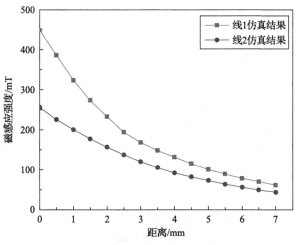

图 4-16　磁感应强度沿测量线的变化

为验证仿真分析的有效性，实验测量(实测)光整加工装置不同位置的磁感应强度，所用仪器为 GM-500 型高斯计，测量装置如图 4-17 所示。基于多维高精度数字化测磁系统，分辨率可实现 0.01～0.1mT 自由切换，测量量程可达 3000mT，适用于各种磁性材料的磁场测量。

沿图 4-15 中线 1 和线 2 方向选取 15 个点，靠近磁极的测量点为起点，每隔 0.5mm 测量一次。第一个测量点的位置与仿真起点相同，将高斯计测头控制在每个测量点位置直至读数稳定，获取稳定测量值，测得的结果如图 4-18 所示。由图可知，在线 1 和线 2 的起点处实测结果分别为 316mT 和 203mT；当距离为 7mm

时，在线 1 和线 2 处的实测结果分别为 57mT 和 37mT。仿真和实测结果表明，随着距离起点的位置越远，磁感应强度越小，实测结果的变化趋势与仿真结果一致。实验测量的磁感应强度一直偏小于仿真结果，这是因为测量过程在空气中进行，会有漏磁现象。仿真结果与实测结果之间的误差会随着测量距离的增大而减小，最终趋于零。测量结果验证了仿真分析的有效性。

图 4-17　磁感应强度测量装置

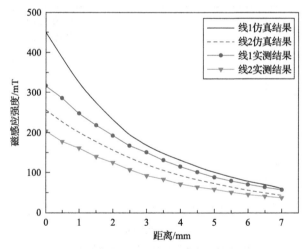

图 4-18　仿真和实验测量磁感应强度对比

4.4　四磁极耦合旋转磁场光整加工实验

为验证新型光整加工装置的有效性，针对钛合金工件表面光整需求，采用单磁极与设计的典型四磁极耦合旋转磁场光整加工装置进行对比光整实验。

4.4.1　单磁极钛合金光整加工实验

所设计的单磁极尺寸图和实物图如图 4-19 所示。图 4-19(a)为单磁极尺寸图，该尺寸方便装入刀柄，上部直径为 10mm，下部直径为 20mm，高度为 32mm，能够完成对工件大面积的表面光整加工，材质选用钕铁硼 N38，实物图如图 4-19(b) 所示。

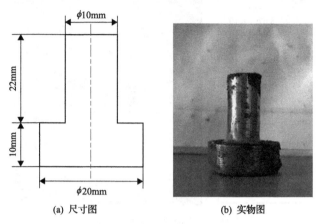

(a) 尺寸图　　　　　　　　　(b) 实物图

图 4-19　单磁极尺寸图和实物图

基于 ANSYS Maxwell 软件对单磁极进行仿真，得到磁力线分布如图 4-20 所示，磁力线从下端 N 极发出，由上端 S 极接收，形成闭合回路。单磁极上端直径较小，磁力线分布较为集中；下端因为表面积较大，所以相同数量的磁力线在此略显分散。

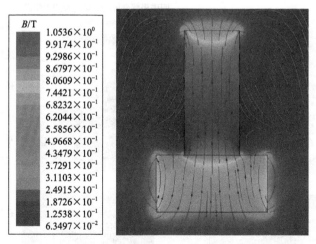

图 4-20　单磁极磁力线分布图

单磁极磁感应强度分布云图如图 4-21 所示。由图可以看出，在磁极中部存在较强的磁感应强度，而两端的磁感应强度较弱。由图 4-20 中的磁力线分布可知，磁极中部的磁力线最为密集，相应的磁感应强度较大；两端的磁力线较为稀疏，磁感应强度相对较弱。在磁极周围，远离磁极的区域，磁感应强度逐渐减小。

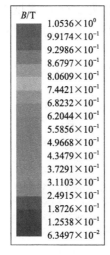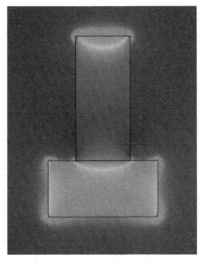

图 4-21　单磁极磁感应强度分布云图

　　为了验证四磁极耦合旋转磁场发生装置的有效性，将设计的单磁极与四磁极耦合旋转磁场光整加工装置集成至高速加工中心（VKN640）上，如图 4-22 所示。磁场发生装置与加工中心主轴连接，可以做旋转运动；钛合金工件固定在工作平台上；依靠工作平台的运动控制，磁场发生装置与工件做相对往复运动。

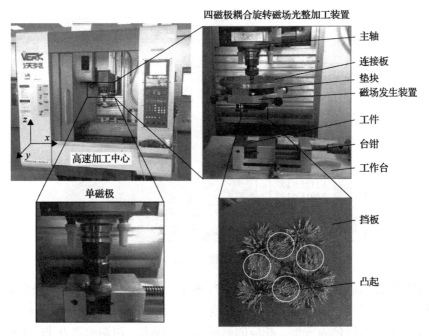

图 4-22　四磁极耦合旋转磁场及单磁极加工装置

实验所采用的光整介质为经典磁性磨料，其配制方法为：①分别称取一定量的羰基铁粉与碳化硅，按 9∶1 的比例充分混合；②加入润滑油后混合均匀，形成膏状磨料，图 4-23 为磁性磨料在磁极上形成磁力研磨刷的实物图。

图 4-23　单磁极磁力研磨刷

其中，碳化硅磨粒粒径为 18μm，磁极转速为 900r/min，工作平台进给速度为 7500mm/min，加工间隙为 1.5mm，润滑油选用 64#机油。以羰基铁粉粒径（6.5μm、18μm、150μm、250μm）作为变量，分别进行 a、b、c、d 四组实验，具体加工参数如表 4-2 所示。

表 4-2　具体加工参数（验证四磁极耦合旋转磁场发生装置的有效性实验）

实验组号	a	b	c	d
羰基铁粉粒径/μm	6.5	18	150	250
磨粒粒径/μm	18	18	18	18
主轴转速/(r/min)	900	900	900	900
进给速度/(mm/min)	7500	7500	7500	7500
加工间隙/mm	1.5	1.5	1.5	1.5

工件初始表面用 60#砂纸打磨，初始粗糙度控制在 1.15μm 左右。光整加工过程中，每隔 5min 使用粗糙度测量仪（型号为 TR3200）对工件表面进行测量。图 4-24 为粗糙度测量仪实物图。粗糙度测量仪的测量范围为 0.005～16.000μm，量程选择 ±40μm，显示分辨率为 0.001μm，取样长度选择 0.8mm，评定长度为 5L（L 为取样长度）。

不同粒径羰基铁粉对表面粗糙度的影响如图 4-25 所示。由图可知，羰基铁粉粒径越小，粗糙度变化越缓慢；羰基铁粉粒径越大，加工效果越好。其中，粒径为 250μm 的羰基铁粉在加工至 10min 时，表面粗糙度达到 0.982μm；加工至 80min 时，表面粗糙度从初始的 1.14μm 下降到 0.548μm，在四组实验中加工效率最高。

在主轴转速为 900r/min、进给速度为 7500mm/min 和加工间隙为 1.5mm 的条件下，根据式(4-5)可知，羰基铁粉的粒径越大，单颗磨粒与钛合金表面接触面积越大，因此粒径较大的羰基铁粉受到的磁场力更大，更能有效地实现对工件表面的材料去除，粒径越小受到的磁场力就越小，光整加工效率相对较低。

图 4-24　粗糙度测量仪实物图

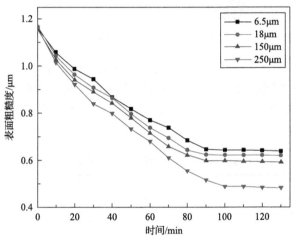

图 4-25　不同粒径羰基铁粉对表面粗糙度的影响

以表 4-2 中 d 组实验为参照，分别用 6.5μm、150μm 粒径的碳化硅磨料进行优化实验，其加工参数如表 4-3 所示。

表 4-3　加工参数(优化实验)

参数	实验组号		
实验组号	e	d	g
羰基铁粉粒径/μm	250	250	250
磨粒粒径/μm	6.5	18	150
主轴转速/(r/min)	900	900	900
进给速度/(mm/min)	7500	7500	7500
加工间隙/mm	1.5	1.5	1.5

图 4-26 为不同磨粒粒径对表面粗糙度的影响，碳化硅磨粒粒径越大，加工效率

越高。碳化硅磨粒粒径为 6.5μm、18μm 时，曲线均有变缓的趋势。其中，当碳化硅磨粒粒径为 150μm 时加工效果最好，在 80min 内，表面粗糙度从 1.238μm 下降到 0.548μm。因此，粒径大的羰基铁粉更利于把持住碳化硅磨粒，使其在与工件接触时，不会因为磁极与工件的相对运动而分散，碳化硅磨粒的切削刃更有助于材料的去除。若碳化硅磨粒粒径太小，则不易被铁粉把持，不能更好地发挥切削刃的作用。

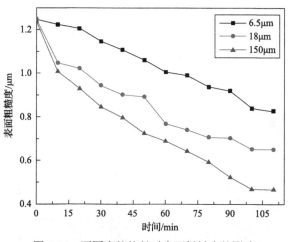

图 4-26　不同磨粒粒径对表面粗糙度的影响

图 4-27 为单磁极钛合金加工前后的表面形貌图。图 4-27(a) 为工件初始实物图，划痕较多。图 4-27(b) 为加工后的表面实物图，加工后划痕明显减少，表面趋于光滑。

图 4-27　单磁极钛合金加工前后的表面形貌图

图 4-27(c)和(d)为加工前后金相显微镜照片，放大倍数为 100 倍，加工前在工件表面有较深的沟槽，加工后表面深划痕消失，仅存在少量磨粒切削产生的划痕，表面质量得到显著改善。

4.4.2 四磁极耦合旋转磁场钛合金光整加工实验

基于设计的典型四磁极耦合旋转磁场发生装置(新型磁场发生装置)，开展光整加工实验，通过与单磁极加工效果对比，验证所研制装置的有效性。磁场发生装置中的磁极采用 N-S-N-S 的排列方式，将磁性磨料放置在磁极端部的挡板上，如图 4-28 所示。

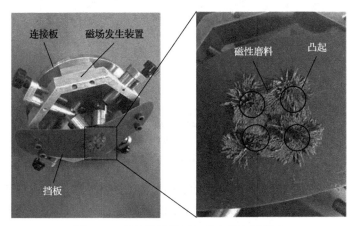

图 4-28　磁性磨料放置与磁力研磨刷形成

为与单磁极光整加工效果进行对比，新型磁场发生装置加工参数与单磁极光整加工的最优加工参数一致，如表 4-3 中 g 组实验数据，即选用粒径为 250μm 的羰基铁粉，粒径为 150μm 的碳化硅磨料，主轴转速为 900r/min，进给速度为 7500mm/min，加工间隙为 1.5mm。为使磁性磨料能在磁场发生装置上更好地形成磁力研磨刷，在磁极末端集成一块长 250mm、宽 70mm 的挡板，将磁性磨料放置在该挡板上，如图 4-28 所示。磁性磨料沿着磁力线的方向形成四个凸起，更好地与工件加工表面相接触，实现对工件的光整加工。

实验表明，采用新型磁场发生装置可使工件表面粗糙度迅速下降，如图 4-29 所示。在初始加工的 10min 内，采用新型磁场发生装置加工时，表面粗糙度由 1.156μm 下降到 0.901μm；采用单磁极光整加工时，表面粗糙度下降缓慢，由初始表面粗糙度 1.192μm 下降到 1.104μm。采用单磁极加工 80min 后，工件表面粗糙达到 0.548μm。采用新型磁场发生装置，在加工 30min 后就可达到 0.426μm，加工效率更高；加工 110min 后，工件表面粗糙度达到 0.062μm，并趋于稳定。

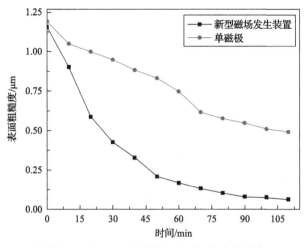

图 4-29　加工表面粗糙度随时间的变化曲线

四磁极耦合旋转磁场钛合金加工前后的实物形貌变化如图 4-30(a)和(b)所示，加工前划痕清晰可见，加工后表面划痕明显减少，且表面较为光滑。为了进一步解释上述现象，测量加工前后表面微观形貌。微观形貌是研究工件表面质量的一个重要指标，既能表现出磨粒与工件的相互作用状态，又可以反映出金属材料的去除方式。图 4-30(c)和(d)分别为工件加工前和加工后的表面微观形貌图。加工前，工件表面遍布由砂纸打磨留下的大而宽的划痕；加工后，工件表面的划痕明

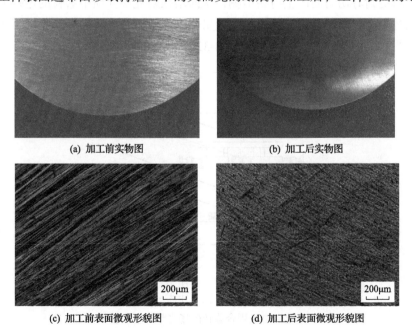

(a) 加工前实物图　　　　　　　　　　(b) 加工后实物图

(c) 加工前表面微观形貌图　　　　　　(d) 加工后表面微观形貌图

图 4-30　四磁极耦合旋转磁场钛合金加工前后的表面形貌图

显减少变窄，只存在几条不连续的浅划痕。因此，采用四磁极耦合旋转磁场光整工具对工件加工效率更高、质量更好，验证了光整工具的有效性。

4.5　磁性剪切增稠光整加工实验

4.5.1　实验装置

基于研制的四磁极耦合旋转磁场光整加工装置和磁性剪切增稠光整介质，进一步探究四磁极耦合旋转磁场磁性剪切增稠光整加工特性。光整装置包括驱动单元、磁场发生装置单元、装夹单元和工作平台单元。其中，驱动单元采用沃瑞克数控机床(上海)有限公司生产制造的 VKN640 型高速加工中心。该加工中心的主轴转速为 0～12000r/min，可以实现对转速的精准控制。由于加工装置动平衡的限制，典型四磁极耦合旋转磁场光整加工装置最高转速为 1200r/min，经过优化设计，轻量化四磁极耦合旋转磁场光整加工装置的最大转速提高到 3000r/min。光整装置单元为四磁极耦合旋转磁场发生装置，该装置由四个永磁极及磁轭组成，磁极围成的区域大小可根据实际情况进行调节。磁场发生装置通过主轴实现自身转动，从而带动光整介质完成对工件表面的光整加工。所设计的光整加工装置可以保证在加工过程中，磁性剪切增稠光整介质始终与工件表面相接触。磁性剪切增稠光整介质因受到剪切力而产生剪切增稠，从而增强对光整介质中磨粒的把持力，提高磨粒对工件表面的材料去除能力。轻量化四磁极耦合旋转磁场光整加工实验平台示意图和实物图分别如图 4-31 和图 4-32 所示。

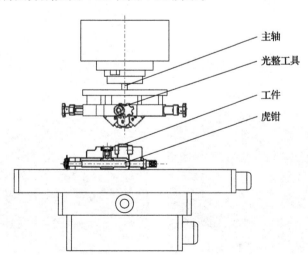

　主轴
　光整工具
　工件
　虎钳

图 4-31　轻量化四磁极耦合旋转磁场光整加工实验平台示意图

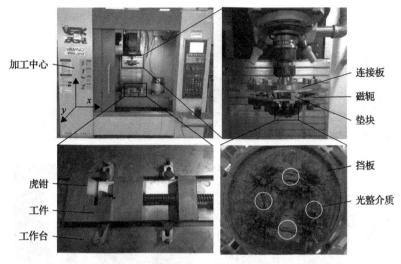

图 4-32　轻量化四磁极耦合旋转磁场光整加工实验平台实物图

4.5.2　钛合金平面磁性剪切增稠光整实验

钛合金材料具有密度小、强度高、耐高温、抗疲劳、耐腐蚀等性能，在航空航天、石油化工、生物医学、环境保护等领域应用广泛，有较高的比强度，在金属材料中被称为"全能金属"，是继铁、铝之后极具发展前景的"第三金属"和"战略金属"。钛合金比铝和钢的强度高，且在海水中有较好的抗腐蚀和耐低温的性能。随着钛合金用量的不断增加，其应用越来越广泛，如图 4-33 所示。目前，钛合金已作为飞机的机架、起落架、机身蒙皮以及发动机的叶片等制造材料应用。例如，Ti-6Al-4V 制造的榴弹炮座，质量降低了 31%；采用钛合金代替轧制均质钢，制造的坦克减重可达 420kg。

钛合金在航海领域也有很好的发展前景，因为其具有耐腐蚀、高比强度、无磁等特性，所以在发动机、螺旋桨、声呐系统等装置中应用极为广泛。由于钛具有无毒、质轻、耐腐蚀、强度高以及生物相容性较好等特点，可以作为植入人体的植入物和手术机械等材料，如 3D 打印的钛合金膝盖骨广泛应用于假肢的制造。但是，基于 3D 打印技术的钛合金膝盖骨表面粗糙度大，使用时对人体伤害大，严重制约其应用性能，因此需要对其进行光整加工[13-18]。

钛合金作为一种难加工材料，在加工过程中存在热稳定性差、易出现加工硬化等问题。基于四磁极耦合旋转磁场光整装置，对钛合金工件开展光整加工实验，观测加工过程中钛合金表面质量的变化，探究钛合金磁性剪切增稠光整加工中的最优加工参数。

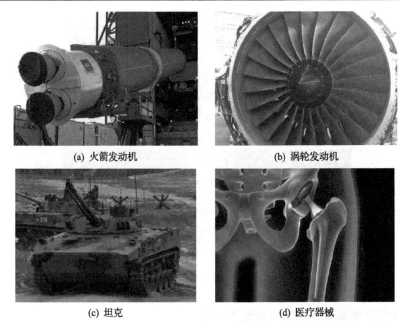

(a) 火箭发动机　　　　　　　　　　　(b) 涡轮发动机

(c) 坦克　　　　　　　　　　　　　　(d) 医疗器械

图 4-33　钛合金典型应用

1. 实验加工参数

　　为探究四磁极耦合旋转磁场光整加工装置的光整性能及其对钛合金表面光整加工质量的影响规律，在典型四磁极光整加工装置实验探索的基础上，研制了轻量化四磁极耦合旋转磁场光整加工装置，制备了不同剪切增稠基液浓度的磁性剪切增稠光整介质，以研究主轴转速、进给速度和加工间隙等加工参数对钛合金加工特性的影响。钛合金平面磁性剪切增稠光整实验加工参数如表 4-4 所示。加工前，工件使用不同目数的砂纸进行打磨，使其初始表面粗糙度达到 1.15μm。每加工 5min，使用粗糙度测量仪(型号为 TR3200)对工件表面进行测量。

表 4-4　钛合金平面磁性剪切增稠光整实验加工参数

项目	参数
加工工件	钛合金(Ti-6Al-4V)
工件尺寸/(mm×mm×mm)	10×10×4
初始表面粗糙度/μm	1.15
主轴转速/(r/min)	300, 500, 700
进给速度/(mm/min)	5000, 7500, 10000
加工间隙/mm	0.7, 1.0, 1.3

续表

项目	参数
剪切增稠基液浓度/%	0, 15, 20
羰基铁粉粒径/μm	250
碳化硅粒径/μm	150
质量比(羰基铁粉∶碳化硅)	3∶1
质量比(羰基铁粉 + SiC 磨粒∶基液)	1∶1
所用磨料质量/g	20

2. 不同进给速度下的光整加工实验

为探究四磁极耦合旋转磁场光整加工装置在不同进给速度下对钛合金表面光整加工质量的影响规律,在保持主轴转速为 900r/min 和加工间隙为 1.3mm 不变的情况下,选用不同进给速度进行光整加工实验。表 4-5 为三种进给速度下设计的光整实验加工参数。

表 4-5　三种进给速度下设计的光整实验加工参数

项目	参数		
主轴转速/(r/min)	900	900	900
进给速度/(mm/min)	5000	7500	10000
加工间隙/mm	1.3	1.3	1.3
剪切增稠基液浓度/%	15	15	15

图 4-34 为不同进给速度下加工钛合金的表面粗糙度与时间的关系曲线图。由图可以发现,在同一加工时间内,表面粗糙度随着进给速度的增加而减小。由 Preston 方程可知,进给速度越大,磨粒与工件表面发生碰撞的频率越大,对工件表面进行材料去除速度越快。以 10000mm/min 的进给速度加工 30min 后,工件表面粗糙度趋于稳定,表面粗糙度由初始的 1.15μm 下降到 102nm,下降幅度达到 91%。在 7500mm/min 和 5000mm/min 的进给速度下表面粗糙度的下降幅度分别为 87%和 83%。

3. 不同主轴转速下的光整加工实验

为探究不同主轴转速对钛合金表面光整加工质量的影响规律,在保持进给速度为 10000mm/min 和加工间隙为 0.7mm 的情况下,选用不同主轴转速进行光整加工实验。表 4-6 为三种主轴转速下设计的光整实验加工参数。

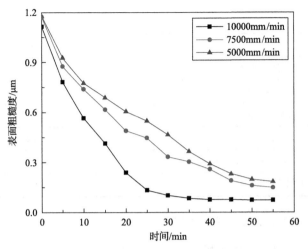

图 4-34　不同进给速度对表面粗糙度的影响

表 4-6　三种主轴转速下设计的光整实验加工参数

项目	参数		
主轴转速/(r/min)	500	700	900
进给速度/(mm/min)	10000	10000	10000
加工间隙/mm	0.7	0.7	0.7
剪切增稠基液浓度/%	15	15	15

图 4-35 为三种主轴转速下表面粗糙度与时间的关系曲线图，在光整加工的初始阶段，主轴转速越高，表面粗糙度越低。当主轴转速为 900r/min 时，表面粗糙

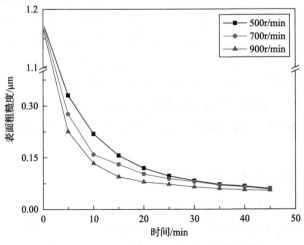

图 4-35　不同主轴转速对表面粗糙度的影响

度由初始的 1.154μm 降低到 57nm，表面粗糙度降低了 95%以上。三种主轴转速均能使钛合金工件表面粗糙度在 15min 内快速下降，15min 后表面粗糙度的变化趋于平缓，转速越高，达到表面粗糙度变化的平稳区越快。

4. 不同加工间隙下的光整加工实验

光整加工装置与钛合金工件表面的间隙会影响加工过程中的磁感应强度和磁感应梯度，进而影响磁场力和研磨压力的大小。为探究四磁极耦合旋转光整加工装置在不同间隙下对钛合金表面光整加工质量的影响规律，在保持进给速度为 10000mm/min 和主轴转速为 900r/min 不变的条件下，选用三种加工间隙进行光整加工实验。表 4-7 为三种不同加工间隙下设计的光整实验加工参数。

表 4-7　三种加工间隙下设计的光整实验加工参数

项目	参数		
加工间隙/mm	0.7	1.0	1.3
进给速度/(mm/min)	10000	10000	10000
主轴转速/(r/min)	900	900	900
剪切增稠基液浓度/%	15	15	15

图 4-36 为三种加工间隙下表面粗糙度与时间的关系曲线图。实验结果表明，加工间隙对加工过程的影响显著，加工间隙越小，表面粗糙度越小。在加工间隙分别为 1.3mm、1.0mm 和 0.7mm 的条件下，加工 45min 后，表面粗糙度分别为 103nm、60nm 和 57nm。最终表面粗糙度的差距虽然不大，但是在初始阶段的表面粗糙度下降速率差别显著。在加工间隙为 0.7mm 的初始加工阶段，表面粗糙度

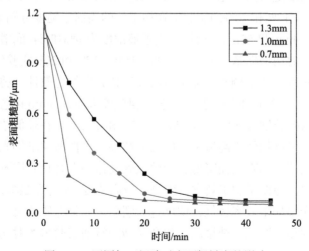

图 4-36　不同加工间隙对表面粗糙度的影响

下降趋势最剧烈。随着加工间隙的增大，磁感应强度减小，导致形成的"增强柔性仿形粒子簇"强度降低，研磨压力减小，材料去除缓慢。因此，随着加工间隙的增大，表面粗糙度下降速率减小。

5. 不同剪切增稠基液浓度下的光整加工实验

光整加工过程中，磁性剪切增稠光整介质中的剪切增稠基液是影响剪切增稠效应发生的关键，为探究四磁极耦合旋转光整加工装置在不同剪切增稠基液浓度下对钛合金表面光整加工质量的影响规律，通过改变剪切增稠基液中二氧化硅所占的质量分数，配置了五种不同浓度的剪切增稠基液，分别为0%、10%、15%、17%和20%。浓度为0%的剪切增稠基液是指在PEG200中没有加入纳米二氧化硅。加工参数选用实验探究出的最优参数，即进给速度为10000mm/min、主轴转速为900r/min和加工间隙为0.7mm。表4-8给出了选用五种不同剪切增稠基液浓度和一组64#润滑油作为基液的六组实验的参数配置。

表4-8 选用五种不同剪切增稠基液浓度和一组64#润滑油作为基液的六组实验的参数配置

项目	参数					
主轴转速/(r/min)	900	900	900	900	900	900
进给速度/(mm/min)	10000	10000	10000	10000	10000	10000
加工间隙/mm	0.7	0.7	0.7	0.7	0.7	0.7
剪切增稠基液浓度/%	0	10	15	17	20	64#润滑油

图4-37为选用不同剪切增稠基液浓度和64#润滑油进行光整加工钛合金工件时，其表面粗糙度随时间变化的关系曲线图。由图可以看出，剪切增稠基液浓度为0%、10%、15%、17%和20%的实验组在加工后的表面粗糙度分别能达到120nm、94nm、57nm、54nm和53nm。剪切增稠基液浓度为0%和64#润滑油实验组的加工效果明显差于剪切增稠基液浓度为10%、15%、17%和20%实验组的加工效果，验证了研制的磁性剪切增稠光整加工方法及光整介质的有效性。剪切增稠基液浓度为10%、15%、17%和20%实验组的表面粗糙度都能在5min内急剧下降，其粗糙度的提高率 ΔR_a 分别为59%、80.8%、71.3%和73.5%。在较低浓度下的下降幅度和最终表面粗糙度均低于高浓度时的加工结果，磁性剪切增稠光整介质的黏度随剪切增稠基液浓度的降低而降低，导致在磁场作用下光整介质不能稳定地留在光整加工区域内，降低了加工效率。但是，较高浓度(浓度为20%)的剪切增稠基液同样会导致光整加工效率较低，浓度过大削弱了光整介质的流动性，阻碍了磨粒和工件之间的相对摩擦。纯聚乙二醇和64#润滑油实验组的对比验证了磁性剪切增稠介质在光整加工中的有效性。

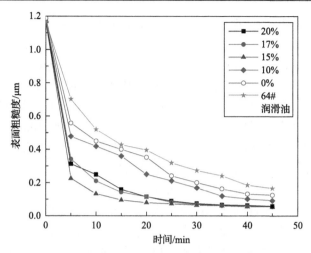

图 4-37　不同剪切增稠基液浓度和 64#润滑油对表面粗糙度的影响

6. 不同磁性磨料质量比下的光整加工实验

磁性剪切增稠光整介质中的剪切增稠基液和磁性磨料的质量比是影响光整效果的重要因素，为探究四磁极耦合旋转磁场光整加工装置在介质不同质量比下对钛合金表面光整加工质量的影响规律，通过改变剪切增稠基液和磁性磨料的质量比，分别配置磁性磨料质量比为 45%、30%、15%的光整介质，其他实验参数如表 4-9 所示。

表 4-9　实验参数(不同磁性磨料质量比下的光整加工实验)

项目	参数
初始表面粗糙度/nm	170
主轴转速/(r/min)	100
加工间隙/mm	0.5
剪切增稠基液浓度/%	15
羰基铁粉粒径/μm	150, 50, 5
碳化硅粒径/μm	80, 30, 4
质量比(羰基铁粉∶SiC 磨粒)	3∶1
质量比(羰基铁粉 + SiC 磨粒∶基液)	15%, 30%, 45%

1)质量分数 45%

当羰基铁粉和碳化硅之和在介质中的质量分数为 45%时，改变羰基铁粉和碳化硅的粒径，探究其对表面粗糙度的影响，如图 4-38 所示。结果表明，工件表面粗糙度随着加工时间的增加而变小。当碳化硅粒径为 80μm 和羰基铁粉粒径为 150μm 时(情况一)，工件表面粗糙度在 80min 内由 173nm 下降到 92nm，在加工至 40min 时表面粗糙度已经趋于平缓。当碳化硅粒径为 30μm 和羰基铁粉粒径为 50μm 时(情况二)，工件表面粗糙度在 80min 内由 170nm 下降到 79nm，在加工至 60min 时表面粗糙度已经趋于平缓。当碳化硅粒径为 4μm 和羰基铁粉粒径为 5μm 时(情况三)，工件表面粗糙度在 80min 内由 169nm 下降到 61nm。由图可以看出，32min 之前表面粗糙度使用大粒径磨料下降得更快，但在 32min 之后，加工趋势正好相反，使用小粒径磨料表面粗糙度下降得更快。由于大粒径磨料与工件的有效接触面积更大，相同质量的磨料，大粒径磨料数量较少，即大粒径磨料产生的光整力更大，磨料对工件的切削深度更大，在加工初始阶段工件表面粗糙度下降速率更快。磨料会在工件表面留下自身划痕，因此磨粒粒径也是影响工件最终表面粗糙度的关键因素之一，结果表明小粒径磨料的加工效果优于大粒径磨料。

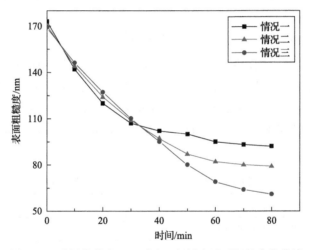

图 4-38　质量分数为 45%时表面粗糙度随时间的变化曲线

2) 质量分数 30%

当羰基铁粉和碳化硅之和在介质中的质量分数为 30%时，在羰基铁粉和碳化硅的粒径大小分别为 150μm 和 80μm、50μm 和 30μm、5μm 和 4μm 的情况下开展加工实验，测量的表面粗糙度结果如图 4-39 所示。当碳化硅粒径为 80μm 和羰基铁粉粒径为 150μm 时(情况一)，工件表面粗糙度在 80min 内由 169nm 下降到 95nm，但在加工至 60min 时表面粗糙度已经趋于平缓。当碳化硅粒径为 30μm 和羰基铁粉粒径为 50μm 时(情况二)，工件表面粗糙度在 80min 内由 171nm 下降到 84nm，在加工至 70min 时表面粗糙度已经趋于平缓。当碳化硅粒径为 4μm 和羰基铁粉粒径为 5μm 时(情况三)，工件表面粗糙度在 80min 内由 170nm 下降到 63nm，表面粗糙度降低了 62.9%。本组实验在 34min 之前的光整加工中，大粒径磨料对工件表面产生的光整力更大。因此,磨粒粒径越大,加工效果越好。在 34min 之后的时间段里,磨粒粒径越大,在工件表面产生的划痕越深,因此磨粒的粒径越小,达到的最终加工效果越好。磨料质量分数为 30%的最终加工效果与磨料质量分数为 45%的最终加工效果基本一致,从转折点的后移和曲线趋于平缓时间点的后移可以看出,磨料质量分数为 30%的加工效率略低于磨料质量分数为 45%的加工效率。

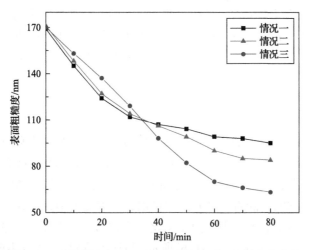

图 4-39　质量分数为 30%时表面粗糙度随时间的变化曲线

3)质量分数 15%

当磨料质量分数为 15%时,改变羰基铁粉和碳化硅的粒径大小,表面粗糙度随时间的变化曲线如图 4-40 所示。当碳化硅粒径为 80μm 和羰基铁粉粒径为 150μm

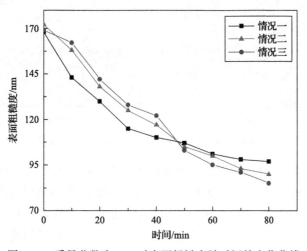

图 4-40　质量分数为 15%时表面粗糙度随时间的变化曲线

时(情况一)，工件表面粗糙度在 80min 内由 168nm 下降到 97nm，在加工至 70min 时表面粗糙度已经趋于平缓。当碳化硅粒径为 30μm 和羰基铁粉粒径为 50μm 时(情况二)，工件表面粗糙度在 80min 内由 172nm 下降到 90nm。当碳化硅粒径为 4μm 和羰基铁粉粒径为 5μm 时(情况三)，工件表面粗糙度在 80min 内由 169nm 下降到 85nm，表面粗糙度降低了 49.7%以上。磨粒粒径的加工效率在 48min 时出现转折，转折点前磨粒粒径越大，对工件表面产生的光整力越大，加工的效果越好。转折点后，粒径越小的磨料在工件上留下的划痕越轻，达到的最终加工效果越好。比较磨料质量分数为 15%和 30%的加工曲线图，由转折点的后移和最后的表面粗糙度可以看出，质量分数为 15%时的加工效率远低于质量分数为 30%时的加工效率。

7. 表面形貌观测

为进一步探索四磁极耦合旋转磁场磁性剪切增稠光整加工对钛合金表面的加工效果，通过金相显微镜对加工后的工件表面进行观测，图 4-41 为加工前后钛合金工件表面微观形貌图。图 4-41(a)为加工前钛合金工件的表面微观形貌，可见较多深长、连续的划痕，随着光整时间的增加，划痕逐渐消失，经过 55min 的加工后，获得较为光滑的表面，但是由于碳化硅磨粒与工件表面产生摩擦和碰撞，表面留有一些较浅的划痕，如图 4-41(b)所示。与加工前相比，工件表面粗糙度降低，表面质量得到明显改善。

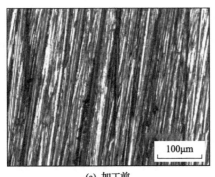

(a) 加工前　　　　　　　　　　　　　　(b) 加工后

图 4-41　加工前后钛合金工件表面微观形貌图

为了更加清晰、直观地观察加工前后工件表面形貌的变化，使用场发射扫描电子显微镜(SEM)(FEI Sirion 200)进行观测。由图 4-42(a)可以看出，加工前表面存在很多明显的深划痕。经过 60min 的光整加工后，工件表面上的深划痕基本消失，随着表面粗糙度的降低，光整表面的纹理越来越连续且匀整，如图 4-42(b)所示。

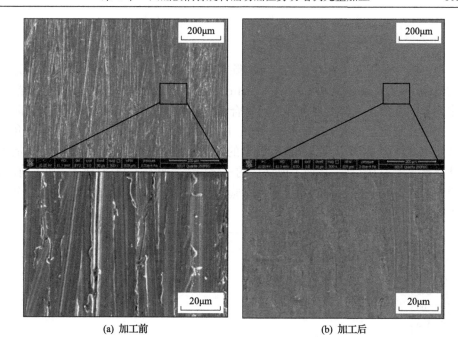

(a) 加工前　　　　　　　　　　　　(b) 加工后

图 4-42　钛合金表面加工前后 SEM 图片

8. 光整介质加工前后观测

为进一步验证磁性剪切增稠光整介质在加工中的有效性，通过 SEM 对光整介质加工前后进行对比，如图 4-43 所示。在加工后，SiC 磨粒的边缘明显变钝，部分羰基铁粉颗粒被磨碎。在加工后的介质中出现了一些钛合金碎屑，进一步证明了磁性剪切增稠光整介质的有效性。

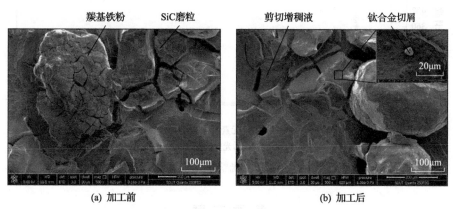

(a) 加工前　　　　　　　　　　　　(b) 加工后

图 4-43　磁性剪切增稠光整介质加工前后 SEM 图

9. 光整介质加工前后元素分析

为了进一步探究工件表面的材料去除机理，对加工前后的磁性剪切增稠光整介质进行了 EDS（energy dispersive spectroscopy，能谱仪）能谱分析，对比观察介质中元素的变化，如图 4-44 所示。对钛合金（Ti-6Al-4V）零件进行加工，加工前后的介质中元素变化最大的应该是钛元素。由图 4-44（a）可以看出，加工前光整介质中钛元素含量为 0.2%，这些初始钛元素的来源是碳化硅磨料中含有的杂质。加工后钛元素含量为 0.72%，是加工前含量的三倍以上，如图 4-44（b）所示。加工前后，介质中 C、Si、Fe 等元素的变化不大，验证了磁性剪切增稠光整加工对钛合金材料去除的特性。

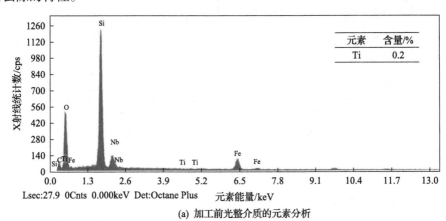

(a) 加工前光整介质的元素分析

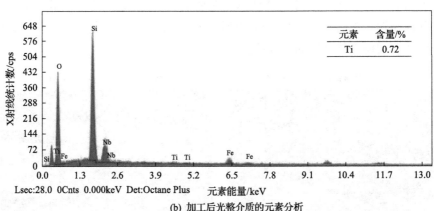

(b) 加工后光整介质的元素分析

图 4-44　加工前后光整介质中元素的变化

参 考 文 献

[1] 李长河, 丁玉成. 先进制造工艺技术. 北京: 科学出版社, 2011.

[2] 尹韶辉. 磁场辅助超精密光整加工技术. 长沙: 湖南大学出版社, 2009.

[3] Yang S Q, Li W H. Surface Finishing Theory and New Technology. Berlin: Springer Nature, 2018.

[4] 刘志强. 微细结构表面新型光整方法与工艺试验研究. 淄博: 山东理工大学, 2018.

[5] Qian C, Fan Z H, Tian Y B, et al. A review on magnetic abrasive finishing. International Journal of Advanced Manufacturing Technology, 2021, 12: 619-634.

[6] Fan Z H, Tian Y B, Zhou Q, et al. Enhanced magnetic abrasive finishing of Ti-6Al-4V using shear thickening fluids additives. Precision Engineering, 2020, 64: 300-306.

[7] Fan Z H, Tian Y B, Zhou Q, et al. A magnetic shear thickening media in magnetic field-assisted surface finishing. Proceedings of the Institution of Mechanical Engineers Part B Journal of Engineering Manufacture, 2020, 234(6-7): 1069-1072.

[8] 田业冰, 范增华, 刘志强, 等. 一种微细结构化表面光整加工方法、介质及装置: ZL201710002012.7.2019-01-01.

[9] 周强, 田业冰, 范增华, 等. 磁性剪切增稠光整介质的制备与加工特性研究. 表面技术, 2021, 50(7): 367-375.

[10] 李琳光. 防弹衣式新型磨具设计与制造及高剪低压磨削试验研究. 淄博: 山东理工大学, 2020.

[11] 胡胜龙, 刘秋生, 刘静, 等. 我国永磁材料行业现状及其发展趋势. 磁性材料及器件, 2021, 52(4): 83-87.

[12] 霍知节. 永磁材料的"前世今生"——从"司南"到"钕铁硼". 新材料产业, 2018, 2: 70-74.

[13] 石晨, 田业冰, 范增华, 等. 钛合金表面多磁极耦合旋转磁场光整加工特性. 中国机械工程, 2020, 31(12): 1415-1420.

[14] 马付建, 姜天优, 刘宇, 等. 钛合金曲面超声辅助磁性磨料光整加工材料去除规律及去除函数. 表面技术, 2020, 49(3): 290-299.

[15] 杨海吉, 陈燕, 金文博, 等. 球形磁极在小直径钛合金管内表面抛光中的应用. 组合机床与自动化加工技术, 2018, 7: 145-147.

[16] Yamaguchi H, Srivastava A K, Tan M, et al. Magnetic abrasive finishing of cutting tools for high-speed machining of titanium alloys. CIRP Journal of Manufacturing Science and Technology, 2014, 7(4): 299-304.

[17] Zhou K, Chen Y, Du Z W, et al. Surface integrity of titanium part by ultrasonic magnetic abrasive finishing. The International Journal of Advanced Manufacturing Technology, 2015, 80: 997-1005.

[18] Barman A, Das M. Nano-finishing of bio-titanium alloy to generate different surface morphologies by changing magnetorheological polishing fluid compositions. Precision Engineering, 2018, 51: 145-152.

第5章 圆槽盘式旋转磁场磁性剪切增稠光整加工

5.1 圆槽盘式旋转磁场光整加工原理

针对难加工材料异形结构件的光整加工需求，本章设计一种磁场可调的圆槽盘式旋转磁场光整装置，通过改变圆槽盘式旋转磁场光整装置中磁极的排布及加工参数，调控光整加工区域内的磁场分布，进而控制磁性剪切增稠光整介质的作用形态及形式[1-6]。

圆槽盘式旋转磁场磁性剪切增稠光整加工原理示意图如图 5-1 所示。针对不同加工需求，调整圆槽盘式旋转磁场光整装置中磁极的排布方式，在光整区域形成较高的磁感应强度和磁场梯度，在二者的双重作用下使挡板内的光整介质沿磁力线排布，聚集在工件的表面形成"柔性仿形粒子簇"。光整加工时，C 轴（旋转工作台）驱动旋转的圆槽盘内磁性剪切增稠光整介质与主轴驱动旋转工件表面的微凸峰接触、碰撞、挤压，新型磁性剪切增稠介质（光整介质）在反切向载荷阻抗力及磁场耦合作用下迅速发生剪切增稠的"群聚效应"，在"柔性仿形粒子簇"中产生"增强粒子簇"，进一步提高对磨粒的把持强度，形成"增强柔性仿形粒子簇"，工件表面微凸峰处形成的反切向载荷阻抗力因"群聚效应"的增强而增大，当超过材料临界屈服应力时，工件表面微凸峰被"增强柔性仿形粒子簇"微/纳磨粒去除；当越过并去除了工件表面微凸峰时，"群聚效应"弱化，"增强柔性仿形粒子簇"恢复至初始状态。当磨粒再次接触工件表面微凸峰时，光整加工会重复

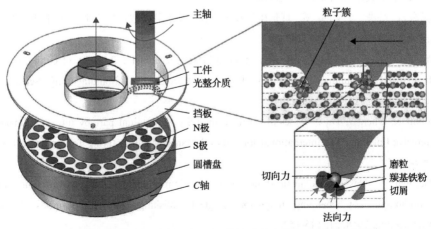

图 5-1 圆槽盘式旋转磁场磁性剪切增稠光整加工原理示意图

接触阶段、去除阶段、恢复阶段的过程，在"剪切增稠"与"磁化增强"双重作用下形成的"增强柔性仿形粒子簇"往复循环去除工件表面的微凸峰，从而实现工件表面材料光整去除。随着光整时间的增加，表面质量得到显著改善，获得超光滑、少/无损伤表面。在光整加工时，磁性剪切增稠光整介质放置于磁场可控的旋转圆槽盘内，不同形状的工件能够自适应、仿形沉浸于柔性光整介质中，对工件的形状并无限制，能够实现复杂异形工件的光整加工。

磁性剪切增稠光整加工过程中，工件表面受到光整介质微/纳磨粒的作用力，从而实现材料的去除。根据麦克斯韦方程，单颗磨粒在磁场的作用下对工件表面的压强 P 为

$$P = \frac{B^2}{2\mu_0}\left(1 - \frac{1}{\mu_m}\right) \tag{5-1}$$

式中，B 为磁极表面的磁感应强度，T；μ_0 为真空磁导率，$\mu_0 = 4\pi \times 10^{-7}\,\text{N/A}^2$；$\mu_m$ 为磁性介质的相对磁导率，N/A^2。

单颗磨粒对工件表面的压力 F_{D1} 为

$$F_{D1} = PS \tag{5-2}$$

式中，S 为"增强柔性仿形粒子簇"中单颗磨粒与加工工件的有效接触面积，mm^2，主轴驱动加工工件旋转，有效面积即以工件对角线为直径的圆面积。

将式(5-1)代入式(5-2)得

$$F_{D1} = PS = \frac{B^2}{2\mu_0}\left(1 - \frac{1}{\mu_m}\right)S \tag{5-3}$$

在磁场的作用下，磁性磨料所形成的"增强柔性仿形粒子簇"对工件表面的作用力 F_D 为

$$F_D = PSN = \frac{B^2 S}{2\mu_0}\left(1 - \frac{1}{\mu_m}\right)N \tag{5-4}$$

式中，N 为磨粒的数量。

由式(5-4)可求得"增强柔性仿形粒子簇"对工件表面的作用力，其直接影响材料去除量的大小，进而影响表面光整加工的质量和效率。

5.2　多磁极旋转磁场加工工具

5.2.1　磁极设计

圆槽盘式旋转磁场光整加工所需要的交变磁场由多个磁极共同提供，磁极的

材料和形状尺寸均是影响磁场分布的重要因素。设计装置选用钕铁硼 N38 作为光整加工装置所用的磁极材料，提供光整加工所需的交变磁场。表 5-1 为钕铁硼 N38 的性能参数。

表 5-1　钕铁硼 N38 的性能参数

材料牌号	最大磁能积 $(BH)_{max}/(kJ/m^3)$	矫顽力 $H_c/(kA/m)$	剩余磁感应强度 B_r/T	密度 $\rho/(g/m^3)$	工作温度 $T_w/℃$
N38	287~310	899	1.22~1.25	6	≤80

在磁极材料已确定的情况下，磁极的形状尺寸决定磁力线及磁感应强度的分布。磁极应满足光整加工的各种要求，根据前述研究[4-6]，与工件表面接触区域的磁感应强度应在 0.8T 以上，以此作为加工区域的目标磁感应强度，进行磁极计算。

计算过程与 4.3.2 节相同，钕铁硼 N38 永磁体相关参数如下：$B_r=1.25T$、$H_c=899kA/m$、$(BH)_{max}=287kJ/m^3$。将磁极材料的相关参数代入式（4-21）和式（4-22），计算得出磁极的尺寸为 $L_m=10mm$、$S_m=154mm^2$。通过 C 轴（旋转工作台）实现对圆槽盘转速的控制，因此将磁极设计成底面直径为 14mm、高为 10mm 的圆柱体。

5.2.2　光整装置结构设计

磁场发生装置主要由圆槽盘、磁极和挡板三部分组成。为增加圆槽盘内光整区域的磁感应强度，圆槽盘整体结构选用磁导率较高的 45#钢加工制成。圆槽盘底部分布四个固定沉孔，通过 T 型螺栓与螺母固装在旋转工作台（C 轴）上，进而实现圆槽盘转速的控制。圆槽盘底部具有三圈 64 个磁极放置孔，用于固装不同数量的磁极及调控 N 极和 S 极的排布方式。

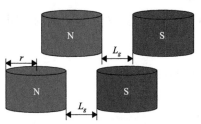

图 5-2　四磁极耦合磁场作用力分析图

光整加工区域为挡板内槽的圆环区域，所需的交变磁场由外圈的 28 个磁极和中间一圈的 20 个磁极产生。如图 5-2 所示，选取其中四个磁极为例，分析外圈与中间一圈磁极之间区域的磁场作用力和磁感应强度。磁场作用力表达式如下：

$$F=\frac{1.5}{1+\alpha L_g}\left(\frac{B_g}{4865}\right)A_g \tag{5-5}$$

式中，α 为修正系数，通常取 3~5；L_g 为两个钕铁硼磁极之间的间隙大小，mm；A_g 为钕铁硼永磁体的磁极面积，mm²；B_g 为钕铁硼永磁体的磁化强度，A/m。

磁极放置于卡槽中，仅底面与挡板接触，则磁极面积为底面积，即 πr^2。设计的磁极半径 r 为 7mm，则 $A_g=49\pi\ mm^2$，α 取 3。因此，磁场作用力为

$$F = \frac{73.5\pi}{1+3L_g}\left(\frac{B_g}{4865}\right)^2 \qquad (5\text{-}6)$$

式中，F 为四个钕铁硼磁极之间的磁场作用力，N。

基于四个磁极之间的磁场作用力，进而分析磁感应强度及计算 N 极与 S 极的距离 L_g。根据麦克斯韦公式[7]，可得

$$F = \frac{B^2 A_g}{2\mu_0} \qquad (5\text{-}7)$$

四个磁极之间的磁感应强度为

$$B = \sqrt{\frac{2\mu_0 F}{A_g}} \qquad (5\text{-}8)$$

将式(5-6)代入式(5-8)，可得

$$L_g = \frac{\mu_0}{4865^2}\left(\frac{B_g}{B}\right)^2 - \frac{1}{3} \qquad (5\text{-}9)$$

若设计光整加工区域内的 $B = 180\text{mT}$，$B_g = 2.12 \times 10^6 \text{A/m}$，则 N 极与 S 极的距离 L_g 为 7mm，圆槽盘尺寸最终被确定，如图 5-3 所示。

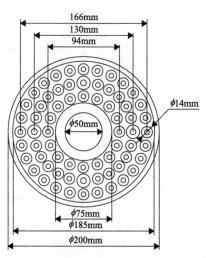

图 5-3   圆槽盘式旋转磁场发生装置尺寸图

光整加工区域中所需磁场由 64 个磁极的耦合作用产生，不同的磁极排布方式形成不同的磁力线闭合回路及不同的磁感应强度分布。设计四种不同的磁极排布方式，分别为 N-S-N、S-N-S、N-S-N-S 和 N-S 排布方式，如图 5-4 所示。圆槽盘式旋转磁场发生装置实物如图 5-5 所示。

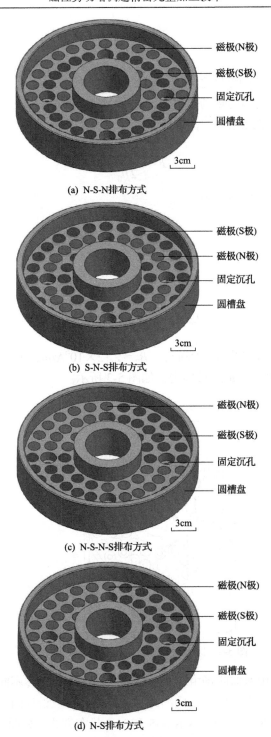

(a) N-S-N排布方式

(b) S-N-S排布方式

(c) N-S-N-S排布方式

(d) N-S排布方式

图 5-4　四种不同的磁极排布方式

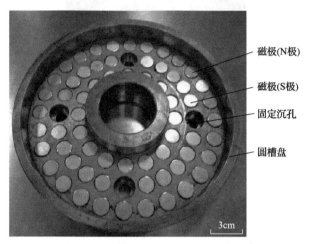

图 5-5　圆槽盘式旋转磁场发生装置实物图

　　为避免磁极和光整介质直接接触，便于加工后清理光整介质，设计了一种铝合金挡板，底部厚度仅为 1mm，以增强磁场对磁性介质的把持。图 5-6 为铝合金挡板尺寸图，图 5-7 为铝合金挡板实物图。

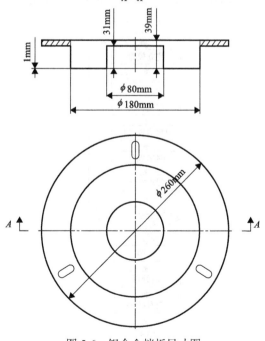

图 5-6　铝合金挡板尺寸图

图 5-7　铝合金挡板实物图

5.3　磁场有限元分析

5.3.1　磁场发生装置仿真

1. 单磁极仿真

在 ANSYS Maxwell 环境下仿真分析圆槽盘式旋转磁场新型光整加工装置的磁场分布；由理论计算确定磁极的尺寸为 $\phi 14mm \times 10mm$，仿真分析单个磁极的作用，磁极材料选用钕铁硼(NdFeB)N38。图 5-8 为磁场仿真求解流程图。

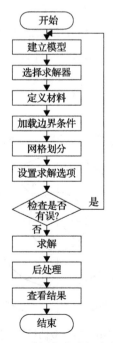

图 5-8　磁场仿真求解流程图

首先，建立结构模型，选择 Magenetostatic 静态磁场有限元求解器。然后，定义钕铁硼 N38 的矫顽力 H_c 为 -899kA/m，剩余磁感应强度 B_r 为 1.25T。对于静态磁场求解模型，需要进行散磁或较远处磁场的数值计算，进而加载气球边界条件。采用金字塔网格剖分设置，计算准确且节省时间。设置求解选项，选择静态磁场求解设置项，最大收敛步数取 10，百分比误差取 1。

图 5-9 为单磁极磁感应强度仿真云图，磁极边缘磁感应强度最高，可达到 0.83T。磁极内部的磁感应强度较小，仅有 0.43T。磁感应强度随着仿真区域与磁极之间距离的增大而逐渐减小，直至趋于无穷小。选择磁极端面圆心为仿真结果分析路径的起点，起点处的磁感应强度为 0.371T，距离 5mm 处磁感应强度下降至 0.087T。随着距离的增大，磁感应强度逐渐减小，直至趋近于 0，如图 5-10 所示。

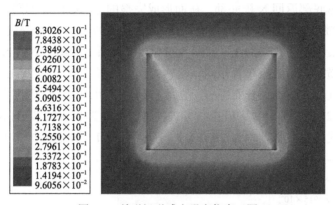

图 5-9　单磁极磁感应强度仿真云图

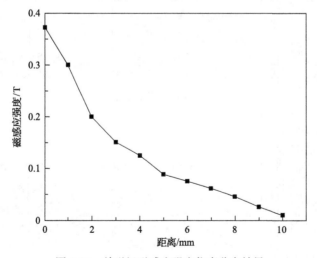

图 5-10　单磁极磁感应强度仿真分布结果

2. 圆槽盘式旋转磁场仿真

磁场发生装置对光整加工至关重要，圆槽盘式旋转磁场的光整区域磁感应强度的大小及分布直接影响光整加工效率和加工质量。基于 ANSYS Maxwell 软件仿真分析磁场发生装置的磁力线分布。磁极排布方式选用四种，分别为 N-S-N、S-N-S、N-S-N-S 和 N-S。钕铁硼 N38 在仿真模型中定义为 ϕ14mm×10mm 的永磁体，圆槽盘和挡板的材料分别定义为 steel_1008 和 aluminum alloy。仿真模型定义的材料与光整加工使用的磁场发生装置的材料一致。进行二维磁力线仿真，四种二维模型求解的时间范围为 35～45s。图 5-11 为四种磁极排布的二维磁力线仿真。如图 5-11(a) 和(b)所示，磁力线在空气中从 N 极顶端传递到相邻的 S 极，然后穿过圆槽盘底部返回 N 极底部，从而形成完整的磁力线闭合回路。仿真结果表明，N-S-N 磁极排布方式磁感应强度的最大值为 34.97mT，S-N-S 磁极排布方式磁感应强度的最大值为 31.98mT。如图 5-11(c) 和(d)所示，由于 N-S-N-S 和 N-S 磁极排布方式横截面的磁极布置相同，磁感应强度的最大值均为 28.43mT。选取挡板内槽中心处为测量点，查看磁感应强度。结果表明，N-S-N 磁极排布方式磁感应强度为 27.20mT，S-N-S 磁极排布方式磁感应强度为 24.81mT，N-S-N-S 和 N-S 磁极排布方式磁感应强度均为 20.13mT。N-S-N-S 和 N-S 磁极排布方式光整加工

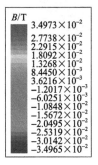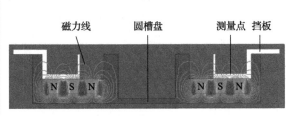

(a) N-S-N排布方式

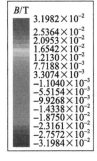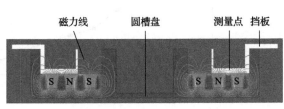

(b) S-N-S排布方式

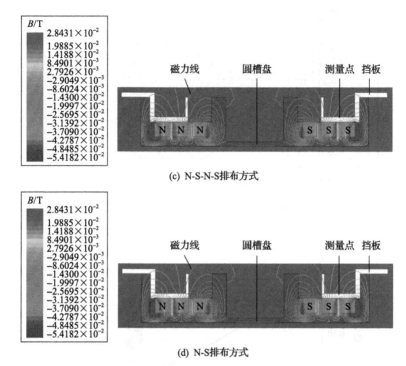

图 5-11　圆槽盘式旋转装置磁力线分布图

区域的磁力线闭合回路较其他两种排布方式少。综合分析四种磁极排布方式的磁力线仿真结果，N-S-N 磁极排布方式为最优配置，具有更大的磁感应强度及更多的磁力线闭合回路，对光整介质的把持力更强，更有助于"增强柔性仿形粒子簇"的形成，提高加工效率。

图 5-12 为 N-S-N 磁极排布方式下磁场发生装置的三维磁场仿真云图。为验证仿真分析的有效性，分别以 S 极中心、S 极与 N 极连接中心和 N 极中心为起点绘制三条直线，以 N 极中心为起点绘制的直线为路径 1，以 S 极与 N 极连接中心为起点绘制的直线为路径 2，以 S 极中心为起点绘制的直线为路径 3，对比不同路径下的磁感应强度分布。根据磁场发生装置仿真结果的后处理，即可得到相应路径下的磁感应强度大小。

三条路径的磁感应强度仿真结果分布如图 5-13 所示。在 S 极中心起点处获得最大磁感应强度 0.18T，距离磁极顶端 5mm 处的磁感应强度为 0.082T，距离磁极顶端 10mm 处，磁感应强度趋近于 0。在 S 极与 N 极连接中心起点处获得最大磁感应强度 0.054T，距离磁极顶端 10mm 处，磁感应强度趋近于 0。

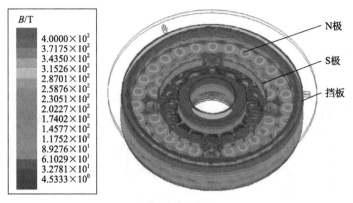

图 5-12　圆槽盘式旋转装置磁感应强度仿真云图

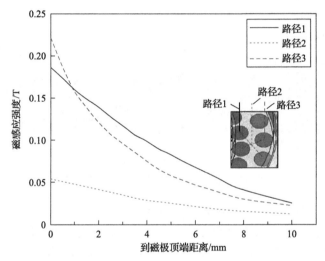

图 5-13　三条路径的磁感应强度仿真结果分布图

5.3.2　磁感应强度测量

利用 ANSYS Maxwell 软件仿真分析了基于圆槽盘式旋转磁场的多磁极耦合新型磁场发生装置在光整加工区域的磁感应强度,为验证仿真结果分析的有效性,使用 GM-500 型高斯计对光整加工区域的磁感应强度进行测量,并与仿真结果进行对比分析。GM-500 型高斯计为多维高精度数字化测磁系统,采用 Cortex-M3 内核 32 位 ARM 微控制器,频率最高可达 48MHz,量程宽广,最大可测 3T 的磁感应强度,最小可测 0.01mT 的磁感应强度,强弱磁场均可测量,量程范围为 0.01～3000mT,分辨率可在 0.01～0.1mT 切换。

图 5-14 为仿真结果与实验测量结果比较图,随着起点距离的增加,磁感应强度逐渐减小,直至趋近于 0。如图 5-14(a)所示,在路径 1 和路径 2 的起点处,仿

真结果分别为 0.054T 和 0.22T，且为最大磁感应强度。使用 GM-500 型高斯计对仿真路径的磁感应强度进行实验测量，GM-500 型高斯计探头固定在高速加工中心主轴上，调整主轴向 Z 向移动，改变探头与测量点之间的距离，测量距离为 10mm，测量样点间隔为 0.5mm。在路径 1 和路径 2 的起点处，测量结果分别为 0.052T 和 0.18T。如图 5-14（b）所示，在路径 3 和路径 4 的起点处，仿真结果分别为 0.054T 和 0.19T，且为最大磁感应强度。在路径 3 和路径 4 的起点处，测量值分别为 0.051T 和 0.16T。由于空气中存在漏磁现象，实验测量结果普遍比仿真结果略小。磁感应强度越小，测量结果与仿真结果越接近。实验测量结果的变化趋势与仿真结果相同，验证了仿真的有效性。

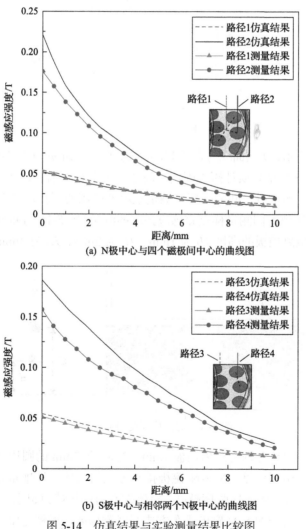

(a) N极中心与四个磁极间中心的曲线图

(b) S极中心与相邻两个N极中心的曲线图

图 5-14　仿真结果与实验测量结果比较图

光整加工区域为挡板内槽的圆环区域，为确定光整加工区域的磁感应强度，通过 GM-500 型高斯计进行测量，磁感应强度测量区域分布图如图 5-15 所示。

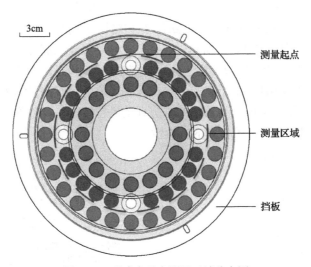

图 5-15　磁感应强度测量区域分布图

如图 5-15 所示，所测曲线为直径 148mm 的圆周，测量起点为外圈磁极与固定沉孔的中心。GM-500 型高斯计探头固定在高速加工中心主轴上，调整主轴向 Z 向移动，改变探头与测量点之间的距离，测量距离即圆周的周长，共 20 个测量样点，通过 C 轴旋转实现不同测量样点磁感应强度的测量。图 5-16 为磁感应强度测量点分布，测量点距离挡板的高度 H_1 为 1mm、H_2 为 2mm、H_3 为 3mm。

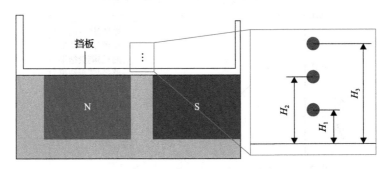

图 5-16　磁感应强度测量点分布

图 5-17(a)～(c)分别为距离挡板 1mm、2mm 和 3mm 的圆周曲线上的磁感应强度测量结果。由图可见，N-S-N 磁极排布方式与其他三种排布方式相比，具有更高的磁感应强度。磁感应强度越高，对磁性磨料的把持力越强，加工效率越高。经过综合分析，选用 N-S-N 磁极排布方式开展磁场剪切增稠光整加工实验。

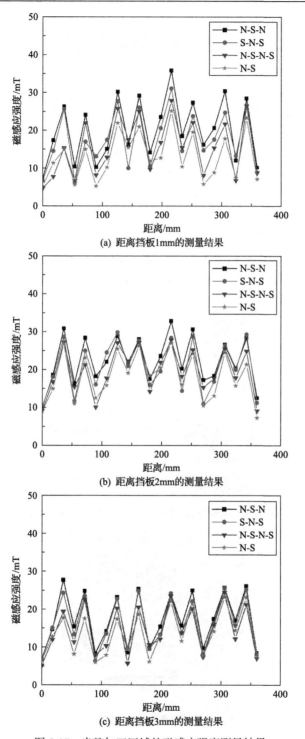

(a) 距离挡板1mm的测量结果

(b) 距离挡板2mm的测量结果

(c) 距离挡板3mm的测量结果

图 5-17　光整加工区域的磁感应强度测量结果

5.4　磁性剪切增稠光整实验

5.4.1　实验装置

　　圆槽盘式旋转磁场剪切增稠光整加工装置主要包括主轴、挡板、磁场发生装置和 C 轴（旋转工作台），如图 5-18 所示。主轴和 C 轴固定在如图 5-19 所示的 VKN640 高速加工中心上，主轴可实现加工工件的旋转，最高主轴转速可达到 12000r/min，C 轴可实现磁场发生装置的旋转，转速最高可达到 200r/min，并能实现对转速的精准控制。挡板安装在圆槽盘式旋转磁场发生装置上方，用于盛放光整介质。多磁极耦合作用使外圈 N 极和中间 S 极间形成多个"增强柔性仿形粒子簇"。"增强柔性仿形粒子簇"接触工件表面时，能够在磁场的作用下与加工工件表面充分接触。控制主轴转速和 C 轴转速，使加工工件表面和"增强柔性仿形粒子簇"之间产生相对运动，进而进行材料去除，实现工件表面的光整加工。

主轴
刀具筒夹
加工工件
挡板
磁场发生装置
C轴
工作台

图 5-18　圆槽盘式旋转磁场剪切增稠光整加工装置

图 5-19　VKN640 高速加工中心

5.4.2　钛合金光整实验

为探究多磁极旋转磁场光整加工装置的光整性能及磁性剪切增稠介质的光整加工特性，选用 Ti-6Al-4V 作为加工试件，尺寸为 20mm×7mm×3mm。配制 SiO_2 质量分数为 15%的剪切增稠基液，添加的羰基铁粉粒径为 250μm，SiC 磨粒粒径为 150μm，剪切增稠基液的质量分数为 10.8%。针对主轴转速、C 轴转速和加工间隙对 Ti-6Al-4V 工件表面的光整加工规律，分别选择三个参数开展光整加工实验，采用 TR200 粗糙度测量仪测量表面粗糙度。钛合金光整实验加工参数如表 5-2 所示。

表 5-2　钛合金光整实验加工参数

项目	参数
主轴转速/(r/min)	300, 600, 900
C 轴转速/(r/min)	80, 120, 160
加工间隙/mm	0.7, 1.1, 1.5
SiC 磨粒粒径/μm	150
羰基铁粉粒径/μm	250
SiO_2 占剪切增稠基液比重/%	15
质量比(羰基铁粉∶SiC 磨粒)	3∶1
质量比(羰基铁粉+SiC 磨粒∶基液)	9∶1

1. 磁极排布对表面粗糙度的影响

对于多磁极旋转磁场的磁极排布，变换 N-S-N、N-S-N-S 和 N-S 三种磁极排布方式，三种磁极排布下表面粗糙度随加工时间的变化曲线如图 5-20 所示。钛合金工件的初始表面粗糙度为 0.204μm，羰基铁粉的粒径为 6.5μm，SiC 磨粒的粒径为 18μm，其他配比参数与表 5-2 一致，主轴转速选为 300r/min，旋转平台转速选为 50r/min，加工间隙选为 1mm。随着加工时间的增加，表面粗糙度逐渐下降，且在初始阶段下降较快，然后趋于平缓。由图可见，当加工时间为 10min 时，N-S-N、N-S-N-S 和 N-S 排布方式下的表面粗糙度分别下降至 0.15μm、0.16μm 和 0.17μm；当加工时间为 60min 时，N-S-N、N-S-N-S 和 N-S 排布方式下的表面粗糙度分别降至 79nm、96nm 和 104nm，并趋于稳定。N-S-N 排布方式下加工效率最高，且最终的表面粗糙度最小。仿真结果和实验测量结果表明，在 N-S-N 排布方式下的磁感应强度较大，磁力线回路较多，能够形成刚性较大、数量较多的"增强柔性仿形粒子簇"，进而有助于材料去除，表面粗糙度下降显著，光整加工效率得到有效提高。通过在不同磁极排布方式下进行光整加工实验，验证了仿真结果分析的有效性。

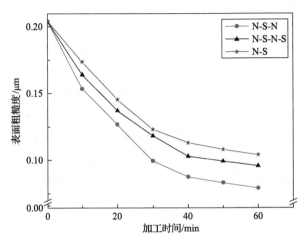

图 5-20　三种磁极排布下表面粗糙度随加工时间的变化曲线

2. 主轴转速对表面粗糙度的影响

在 N-S-N 的最优磁极排布方式下，探究主轴转速、C 轴转速和加工间隙对表面粗糙度的影响规律。图 5-21 为不同主轴转速下表面粗糙度随加工时间的变化曲线。

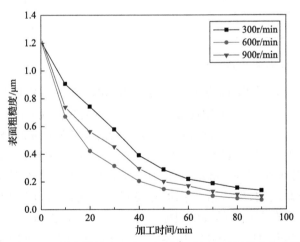

图 5-21　不同主轴转速下表面粗糙度随加工时间的变化曲线

Ti-6Al-4V 工件的初始表面粗糙度为 $(1.25 \pm 0.05)\,\mu m$，C 轴转速为 160r/min，加工间隙为 0.7mm，其他加工参数与表 5-2 一致。主轴转速为 300r/min、600r/min 和 900r/min 条件下获得的最终表面粗糙度分别为 137nm、67nm 和 93nm，主轴转速对表面粗糙度的影响不呈现单调关系。当主轴转速为 300r/min 时，单位时间内磨粒与工件表面的接触时间短，进而材料去除率低、表面质量差、光整效率低。当主轴转速为 900r/min 时，单位时间内磨粒与工件表面的接触时间长，光整次数增加，但是过高的转速使加工区域的光整介质受到较大的离心力，使其沿着工件旋转的切线方向移动，光整介质难以在加工区域形成稳定的状态，磁场力的作用被削弱，加工效率较低。当主轴转速为 600r/min 时，光整加工效率最高，工件表面质量最高，由初始的 1.2μm 下降至 67nm。

3. C 轴转速对表面粗糙度的影响

在 N-S-N 磁极排布方式、主轴转速为 600r/min、加工间隙为 0.7mm（其他参数与表 5-2 一致）的加工条件下，分析 C 轴转速对表面粗糙度的影响规律，不同 C 轴转速下表面粗糙度随加工时间的变化曲线如图 5-22 所示。

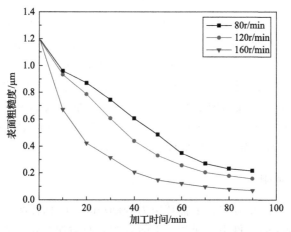

图 5-22　不同 C 轴转速下表面粗糙度随加工时间的变化曲线

C 轴转速由 80r/min、120r/min 到 160r/min 依次变化时，加工后工件的表面粗糙度由初始的 1.2μm 分别降至 215nm、157nm 和 67nm。在初始阶段，随着 C 轴转速的提高，表面粗糙度下降趋势增大，加工效率高。当光整加工时间为 10min 时，80r/min、120r/min、160r/min 三种转速下对应的表面粗糙度分别为 0.95μm、0.93μm、0.67μm。随着 C 轴转速的增大，单位时间内磨粒与工件表面的接触时间增长，且由 Preston 方程可知，工件表面与磨粒的相对速度越大，材料去除率越大。

4. 加工间隙对表面粗糙度的影响

在 N-S-N 磁极排布方面、主轴转速为 600r/min、C 轴转速为 160r/min（其他参数与表 5-2 一致）的实验条件下，分析多磁极旋转磁场下加工间隙对表面粗糙度的影响规律，不同加工间隙下表面粗糙度随加工时间的变化曲线如图 5-23 所示。

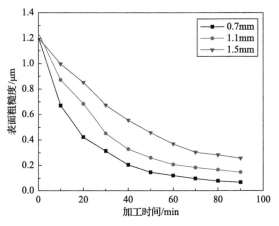

图 5-23　不同加工间隙下表面粗糙度随加工时间的变化曲线

加工间隙越大,最终获得的表面粗糙度越大。0.7mm、1.1mm 和 1.5mm 的加工间隙下,工件的表面粗糙度分别降至 67nm、146nm 和 255nm。由磁场仿真和磁感应强度测量可知,随着加工间隙的增大,磁感应强度逐渐减小。因此,磁场力随着加工间隙的增大逐渐衰减,对介质的把持能力越弱,形成"增强柔性仿形粒子簇"的刚性越小,表面粗糙度下降趋势越缓慢,加工效率越低。在所述实验条件下,对比磁极排布方式、主轴转速、C 轴转速和加工间隙对表面粗糙度的影响规律,C 轴转速和加工间隙对工件加工质量的影响较大。

5. 表面形貌观测

在 N-S-N 磁极排布方式、主轴转速为 600r/min、C 轴转速为 160r/min、加工间隙为 0.7mm 的实验条件下,观测加工前后的表面微观形貌。将待观测钛合金工件通过丙酮、无水乙醇和去离子水依次清洗,利用场发射扫描电子显微镜(FEI Sirion 200)对加工前后的工件进行表面形貌观测,分析加工前后表面质量的变化,图 5-24 为工件加工前后的表面微观形貌图。图 5-24(a)为工件加工前的形貌,未

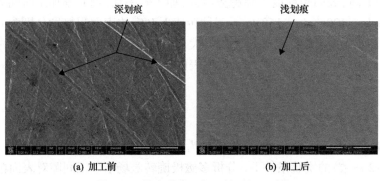

(a) 加工前　　　　　　　　　　　(b) 加工后

图 5-24　钛合金表面加工前后 SEM 图

加工表面存在大量划痕，粗糙不平，表面粗糙度大。光整加工后，能够有效去除表面的划痕，仅出现微细的磨粒切屑划痕，如图 5-24(b)所示。表面粗糙度由初始的 1.2μm 下降至 67nm，表面光洁度提高 94%，表面质量得到显著提高。

5.4.3　激光增材制造钛合金光整实验

增材制造技术是通过 CAD 数据采用材料逐层累加的方法制造实体零件的技术，是一种自下而上材料累加的制造方法。激光选区熔化是一种精密金属增材制造技术，可以制造任意形状、复杂的功能零件，为钛合金结构件的低成本、短周期加工提供了一个新的途径。但是，激光选区熔化增材制造形成的钛合金表面较为粗糙，无法直接应用于机械工程、精密仪器、航空航天、生物医学等领域[7-9]。因此，钛合金表面一般需要进行后续光整加工，以降低表面粗糙度，提高表面质量。选用激光增材制造的钛合金工件作为加工对象，激光增材制造的加工参数如表 5-3 所示，工件实物如图 5-25 所示。

表 5-3　激光增材制造的加工参数

项目	参数
光纤激光器	200W YB: YAG
激光功率/W	180
激光束直径/μm	75
扫描点间距/μm	65
曝光时间/μs	80
扫描间距/mm	0.1
层厚/μm	30
扫描方式	单向填充
表面粗糙度/μm	约 6.0
尺寸/(mm×mm×mm)	20×7×3

图 5-25　激光增材制造的钛合金工件实物图

图 5-26 为激光增材制造钛合金工件的表面粗糙度测量曲线，采用 TR200 粗糙度测量仪测量工件表面粗糙度时，通过 DataView TIME3200 软件获得测量曲线。

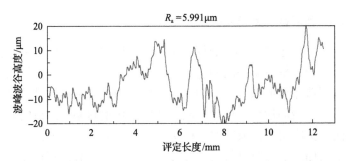

图 5-26　激光增材制造钛合金工件的表面粗糙度测量曲线

粗糙度测量仪选取的取样长度为 2.5mm，评定长度为 12.5mm（5 个取样长度），所选量程为 ±40μm。测得工件的初始表面粗糙度 R_a 为 5.991μm。

使用圆槽盘式旋转磁场光整加工装置，通过多磁极耦合作用下磁场对磁性磨料的作用，开展钛合金激光增材制造表面磁性剪切增稠光整加工实验，探究 C 轴转速、主轴转速和加工间隙对加工效率和表面质量改善的影响规律，选出最优工艺参数，实验加工参数如表 5-4 所示。

表 5-4　激光增材制造钛合金表面磁性剪切增稠光整加工实验参数

项目	参数
聚乙二醇	PEG 200
SiO_2 粒径/nm	7～40
羰基铁粉粒径/μm	6.5
SiC 磨粒粒径/μm	18
SiO_2 占剪切增稠基液比重/%	15
质量比(羰基铁粉：SiC 磨粒)	3：1
质量比(羰基铁粉+SiC 磨粒：基液)	2：3
C 轴转速/(r/min)	0, 50, 100
主轴转速/(r/min)	300
加工间隙/mm	1.0
磁极排布方式	N-S-N

1. C 轴转速对表面粗糙度的影响

调控 C 轴可实现磁场发生装置的旋转，提供磁性剪切增稠光整介质实现剪切增稠效应的剪切速度。不同 C 轴转速下表面粗糙度随加工时间的变化关系如图 5-27 所示。由图可见，在 C 轴转速分别为 0r/min、50r/min 和 100r/min 工况下，三组光整加工实验表面粗糙度由初始的 0.204μm 最终分别降至 0.111μm、0.069μm 和 0.087μm。其中，C 轴转速为 50r/min 时，工件表面粗糙度的下降量比其他两组更大，具有较高的加工效率。

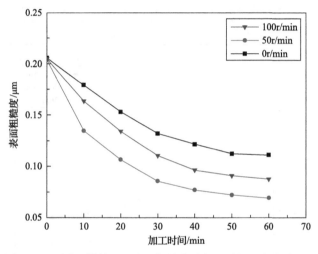

图 5-27　不同 C 轴转速下表面粗糙度随加工时间的变化关系图

2. 主轴转速对表面粗糙度的影响

在加工过程中，主轴转速影响工件与“增强柔性仿形粒子簇”的接触次数，进而影响加工效果。为探究不同主轴转速对工件表面粗糙度的影响，在 C 轴转速为 50r/min 工况下，进行光整加工实验，加工参数如表 5-5 所示，不同主轴转速下表面粗糙度随加工时间的变化关系图如图 5-28 所示。

表 5-5　实验加工参数(主轴转速对表面粗糙度的影响)

项目	参数
聚乙二醇	PEG 200
SiO_2 粒径/nm	7~40
羰基铁粉粒径/μm	6.5
SiC 磨粒粒径/μm	18

项目	参数
SiO$_2$占剪切增稠基液比重/%	15
质量比(羰基铁粉：SiC磨粒)	3：1
质量比(羰基铁粉+SiC磨粒：基液)	2：3
C轴转速/(r/min)	50
主轴转速/(r/min)	100, 200, 300
加工间隙/mm	1.0
磁极排布方式	N-S-N

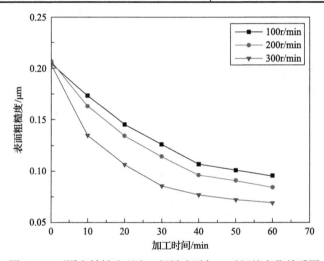

图 5-28   不同主轴转速下表面粗糙度随加工时间的变化关系图

主轴转速分别为 100r/min、200r/min、300r/min 的工况下，工件表面粗糙度由 0.2μm 分别下降至 0.095μm、0.084μm、0.073μm。其中，主轴转速在 300r/min 时加工效果最好，这是因为随着主轴转速的增加，参与切削加工的有效磨粒的数量显著增加，相同的时间内，更多的磨粒参与了工件表面的切削作用，使工件表面质量明显提高。

3. 加工间隙对表面粗糙度的影响

在 C 轴转速为 50r/min、主轴转速为 300r/min 的加工条件下，改变加工间隙进行磁性剪切增稠光整加工实验，加工参数如表 5-6 所示，不同加工间隙下表面粗糙度随加工时间的变化关系图如图 5-29 所示。经过 60min 光整加工，在 1.0mm、1.3mm、1.6mm 工况下最终分别获得 0.069μm、0.094μm 和 0.104μm 的表面粗糙度。

由此可见，加工间隙越大，光整区域的磁感应强度越小，磁性磨料对工件表面的作用力越小，表面粗糙度的下降趋势越平缓。

表 5-6　加工参数（加工间隙对表面粗糙度的影响）

项目	参数
聚乙二醇	PEG 200
SiO_2 粒径/nm	7~40
羰基铁粉粒径/μm	6.5
SiC 磨粒粒径/μm	18
SiO_2 占剪切增稠基液比重/%	15
质量比（羰基铁粉：SiC 磨粒）	3∶1
质量比（羰基铁粉+SiC 磨粒：基液）	2∶3
C 轴转速/(r/min)	50
主轴转速/(r/min)	300
加工间隙/mm	1.0, 1.3, 1.6
磁极排布方式	N-S-N

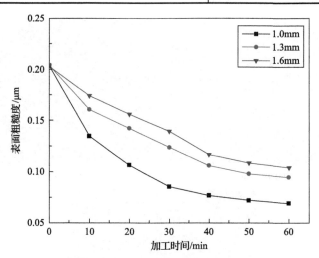

图 5-29　不同加工间隙下表面粗糙度随加工时间的变化关系图

4. 表面形貌观测

为进一步探索圆槽盘式旋转磁场磁性剪切增稠光整加工的效果，通过金相显微镜对加工前后的工件表面进行观测，金相显微镜的技术参数如表 5-7 所示。

表 5-7　金相显微镜的技术参数

项目	参数
制造商	德国卡尔·蔡司公司
品牌	卡尔·蔡司
型号	Axio Lab. A1 Mat
产地	德国
物镜倍数	$5\times, 10\times, 20\times, 50\times, 100\times$
目镜倍数	$10\times$
视场数	20mm×22mm
物镜转盘	5 孔
光源	12V 50W 卤素灯
可扩展性	可配图像分析系统(数码相机、摄像头、图像分析软件)

　　图 5-30 为不同加工时间下工件金相表面微观形貌。如图 5-30(a)所示，加工前工件表面留有深长、连续的划痕，随着光整时间的增加，划痕逐渐消失。经过 60min 的加工后，获得光滑的表面，如图 5-30(c)所示。由于 SiC 磨粒与工件表面产生摩擦、碰撞，表面留有一些较浅的凹坑。与加工前相比，工件表面粗糙度明显降低，表面质量得到显著改善。

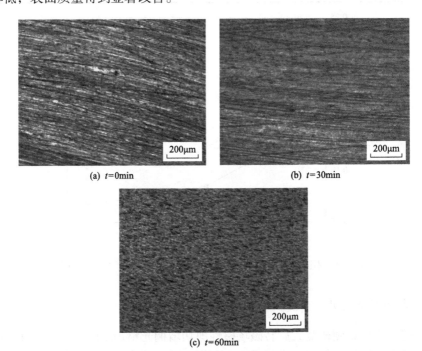

(a) $t=0$min　　　　　　　　　　(b) $t=30$min

(c) $t=60$min

图 5-30　不同加工时间下观测的钛合金表面形貌

参 考 文 献

[1] 石晨. 基于多磁极耦合的新型光整加工装置及工艺试验研究. 淄博: 山东理工大学, 2020.

[2] Tian Y B, Shi C, Fan Z H, et al. Experimental investigations on magnetic abrasive finishing of Ti-6Al-4V using a multiple pole-tip finishing tool. International Journal of Advanced Manufacturing Technology, 2020, 106(5): 3071-3080.

[3] 石晨, 田业冰, 范增华, 等. 钛合金表面多磁极耦合旋转磁场光整加工特性. 中国机械工程, 2020, 31(12): 1415-1420.

[4] 范增华, 田业冰, 石晨, 等. 多磁极旋转磁场的钛合金表面磁性剪切增稠光整加工特性. 表面技术, 2021, 50(12): 54-61.

[5] 田业冰, 范增华, 刘志强, 等. 一种自动化磁场辅助光整加工装置及方法: ZL 201810500509.0. 2018-07-09.

[6] 田业冰, 范增华, 石晨, 等. 一种基于并联机构的复杂曲面磁场辅助光整装置及方法: ZL 201810798114.3. 2018-12-19.

[7] Wong K V, Hernandez A. A review of additive manufacturing. ISRN Mechanical Engineering, 2012, (4): 30-38.

[8] Herzog D, Seyda V, Wycisk E, et al. Additive manufacturing of metals. Acta Materialia, 2016, 117(15): 371-392.

[9] Townsend A, Senin N, Blunt L, et al. Surface texture metrology for metal additive manufacturing: A review. Precision Engineering, 2016, 46: 34-47.

第6章　振动辅助磁性剪切增稠光整加工

6.1　振动辅助光整加工原理

随着加工技术的不断发展，振动加工技术深入光整加工研究中，成为硬脆材料和异形零部件光整技术的一个重要研究方向。在工件或光整工具上施加切向、纵向或椭圆振动，可以降低工件与磨料之间的摩擦力，改善光整轨迹的重合度，获得纳米级的表面粗糙度。

德国不来梅大学(Universität Bremen)的精密加工实验室针对腔体、凹槽等复杂模具微结构表面的抛光加工开发了新型振动系统，在钢件上进行了复杂微结构表面振动抛光实验，结果表明，微结构表面材料去除率和表面质量随振幅及相对速度的提高呈线性增大。Nelson 等[1]提出了一种新型的、由计算机操控的振动辅助研抛的方式，加工速度提高了约 10 倍。日本学者进行了一维和二维的振动辅助研抛微加工实验，振动条件下的材料去除率得到了明显提高。实验研究发现，振动辅助抛光技术具有提高材料加工效率和试件表面质量的优点。振动辅助在硬脆性难加工材料和异形零部件光整加工方面具有独特的优势，将振动辅助技术应用到电化学机械抛光过程中，可提高加工后碳化硅等硬脆材料的表面质量，并且对材料去除率有明显的促进作用[1-6]。

周强等提出将磁性剪切增稠光整加工方法与振动辅助加工方法相结合，设计了一种振动频率范围为 0~60Hz 的振动辅助光整发生装置[7,8]。图 6-1 为振动辅助磁性剪切增稠光整加工原理示意图。磁性剪切增稠光整介质由 CBN 磨料、羰基铁粉和剪切增稠基液等组成。磁性剪切增稠光整介质放置在磁极槽挡板的内底面，磁场透过挡板将光整介质把持在挡板表面。在"磁化增强"效应下，光整介质按照磁力线分布形成"增强柔性仿形粒子簇"。待加工工件调控至两列磁极的中间位置，保证工件表面位于"增强柔性仿形粒子簇"的上方。该装置控制磁场发生装置振动、进给和工件旋转，工件表面和"增强柔性仿形粒子簇"发生复杂相对运动，使工件表面材料均匀地去除。在高速振动下，光整加工介质与工件表面的微凸峰接触，磁性颗粒包裹磨料迅速集聚，由于"剪切增稠"效应发生集聚现象，在光整区域形成"类固着磨具"。在磁场力和振动惯性力的带动下，磨粒对微凸峰进行微切削。材料去除后，"增强柔性仿形粒子簇"接触消失，介质恢复到原来的起始形态。振动场集成磁性剪切增稠光整加工装置，有助于促进"剪切增稠"现象的产生，增加光整压力及磨粒对工件表面微观凸起的剪切力，进而增加材料去除率，提高光整加工效率，改善表面质量。

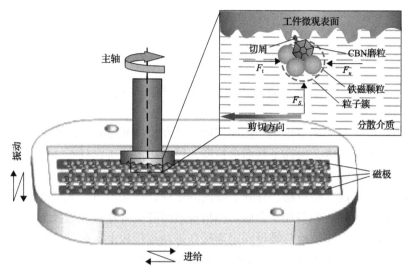

图 6-1　振动辅助磁性剪切增稠光整加工原理示意图

振动辅助磁性剪切增稠光整加工中，介质对工件的作用力主要由磁场力和振动力组成。由麦克斯韦方程可知，仅在磁场力作用下，单颗磨粒对工件的法向光整加工压力 F_S 为

$$F_S = \frac{B^2 A_m}{2n\mu_0}\left(1 - \frac{1}{\mu_m}\right) \tag{6-1}$$

式中，B 为磁感应强度；μ_m 为磁性介质的相对磁导率；A_m 为磨粒与工件的有效接触面积；n 为实际参与加工的有效磨粒数。

假设磨粒不存在压缩现象，单颗磨粒在振动力作用下对工件的作用力 F_u 为

$$F_u = \frac{\sigma_S A_{\text{cu}}}{\pi}\left[\frac{\pi}{2} - \sin^{-1}\left(1 - \frac{\delta}{A}\right)\right] \tag{6-2}$$

式中，σ_S 为工件材料的屈服强度；A_{cu} 为振动作用下磨粒对工件的平均作用面积；δ 为磨粒在振动作用下压入工件的深度；A 为振幅。

将式(6-1)和式(6-2)求和，可得振动辅助磁性剪切增稠光整加工中单颗磨粒对工件的作用力 F 为

$$F = F_S + F_u + F_t \tag{6-3}$$

式中，F_t 为单颗磨粒对工件的切向力。

将单颗磨粒对工件的作用力 F 乘以振动辅助磁性剪切增稠光整加工中参与加

工的有效磨粒数 n，即可得到加工中光整介质对工件总的作用力 F_n 为

$$F_n = n\left\{\frac{B^2 A_m}{2n\mu_0}\left(1-\frac{1}{\mu_m}\right)+\frac{\sigma_S A_{cu}}{\pi}\left[\frac{\pi}{2}-\sin^{-1}\left(1-\frac{\sigma}{A}\right)+F_t\right]\right\} \qquad (6\text{-}4)$$

6.2　振动辅助光整加工工具

　　与传统的无振动光整相比，振动辅助光整在提高光整效率的同时降低了待加工零件的表面粗糙度，提高了其面形精度，因此田业冰等设计了一种振动辅助光整加工装置实现对工件表面的光整加工[9,10]。如图 6-2 所示，振动辅助光整加工装置包括挡板、磁极、磁极槽、外壳、导向固定杆、振动电机、振动连接板和压缩弹簧等。挡板内装入光整加工介质，挡板通过间隙配合连接在磁极槽上，装有磁极的磁极槽通过六角螺栓与螺母固定连接在振动连接板上，振动连接板放置在安装压缩弹簧的导向固定杆上，振动电机与振动连接板通过螺栓与螺母固定连接，安置在外壳的内部，外壳起固定作用，避免装置振动时发生移动。

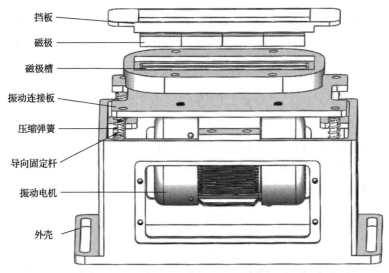

挡板
磁极
磁极槽
振动连接板
压缩弹簧
导向固定杆
振动电机
外壳

图 6-2　振动辅助光整加工装置设计图

　　所设计的振动辅助光整加工装置具有如下特点：三相 HY-100a 微型振动电机位于光整加工装置的正下方，保证光整加工装置所受激振力均匀相等；通过频率控制器调整振动电机的工作模式，可调控光整加工过程中光整加工装置的运动模式及光整加工装置与待加工零件的间距，进而控制光整介质的运动轨迹，实现不同形状零件的光整加工；导向固定杆能够保证光整加工装置进行垂直方向的运动，促使磁性光整介质均匀进入微细结构，迫使磨粒进行更替，增强磁性光整介质与

微细结构的相对运动,提高加工效率;通过对磁极槽中的磁极选择不同的排布方式,产生不同的磁力线分布,进而满足不同类型微细结构零件的光整加工。图 6-3 为不同磁极排布下的磁力线分布。

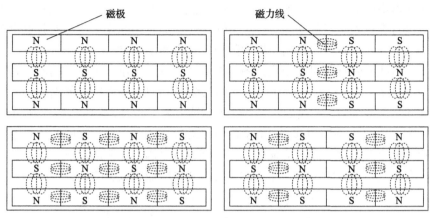

图 6-3　不同磁极排布下的磁力线分布

6.3　磁场有限元分析

6.3.1　磁场发生装置仿真

选用 ANSYS Maxwell 磁场仿真软件对振动辅助光整加工装置进行仿真。其中,求解器选择 Magenetostatic 静态磁场有限元求解器。磁极材料选择钕铁硼 N38,矫顽力 H_c 设为 −899kA/m,剩余磁感应强度 B_r 设为 1.2T,边界条件为气球边界。采用金字塔网格剖分设置,计算准确且节省时间。求解设置中最大收敛步数取 12,百分比误差取 1。选择磁极的排列方式为 N-S-N,图 6-4 为振动辅助光整加工装置

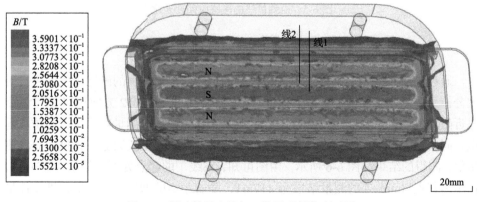

图 6-4　振动辅助光整加工装置磁场仿真云图

磁场仿真云图。由三维图可以看出，磁极槽部位磁感应强度较大，磁极顶端处的磁感应强度最大，其次是磁极间的磁感应强度。

为了得到振动辅助光整加工装置中磁极槽内的磁感应强度分布，基于三维仿真结果获取沿图 6-4 中线 1 和线 2 方向的磁感应强度。考虑到挡板的厚度，线 1 的起点设置在单列磁极的中间位置点，距离磁极表面 1mm 处；线 2 的起点设置在两列磁极的中间位置点，距离磁极中间位置点表面 1mm 处。

沿测量线的磁感应强度变化如图 6-5 所示。由图可知，在线 1 的起点处仿真结果为 322mT，在距离起点 4mm 处的结果为 120mT，随着距离的增加，磁感应强度整体呈下降趋势。在线 2 的起点处仿真结果为 168mT，在距离起点 0.4mm 处的结果为 172mT，在距离起点 4mm 处的结果为 115mT，两磁极间的仿真结果先有小幅度的上升，接着磁感应强度迅速下降，这是因为在距离起点较近的位置磁力线分布稀疏，随着距离的增加，磁力线出现先增加后减少的趋势。

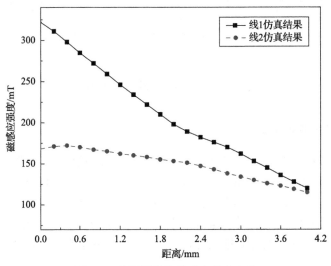

图 6-5　沿测量线的磁感应强度变化

6.3.2　磁感应强度测量

通过 GM-500 型高斯计实际测量光整加工装置不同位置的磁感应强度进行对比分析，验证光整加工装置的有效性。沿图 6-4 中线 1 和线 2 方向选取 21 个点，靠近磁极的测量点为起点，每隔 0.2mm 测量一次。第一个测量点的位置与仿真起点相同，将 GM-500 型高斯计控制在每个测量点处，直至读数稳定，进而获取测量值，测得的结果如图 6-6 所示。由图可知，在线 1 的起点处测量结果为 291mT，在距离起点 4mm 处的测量结果为 117mT，随着距离的增加，磁感应强度整体呈下降趋势。在线 2 的起点处测量结果为 150mT，在距离起点 0.4mm 处的测量结果为 155mT，在距离起点 4mm 处的测量结果为 113mT。测量结果和仿真结果表明，测量结果与仿真结果的变化趋势保持一致。在空气中测量磁感应强度会有磁场泄漏，因此测量的磁感应强度与仿真结果相比偏小。仿真结果与测量结果之间的误差会随着距离的增大而减小，最终趋于零。测量结果验证了仿真分析的有效性。

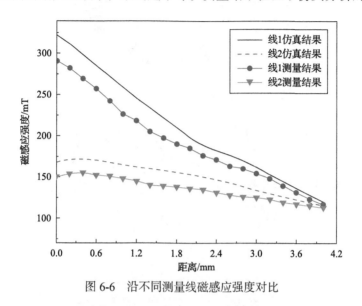

图 6-6　沿不同测量线磁感应强度对比

6.4　磁性剪切增稠光整加工实验

6.4.1　实验装置

图 6-7 为搭建的振动辅助磁性剪切增稠光整加工实验平台，振动辅助光整加工装置通过螺栓和螺母固定安装在高速加工中心工作台上，将待加工工件固定在高速加工中心的主轴上，调控主轴在竖直方向的运动可以控制加工装置与工件的间隙。通过主轴带动待加工工件的旋转运动，工作台驱动振动辅助光整加工装置进行水平轴(x 轴)方向的进给运动，使光整介质在工件表面形成复杂的相对运动。同时，振动辅助光整加工装置产生的振动力通过导向固定杆使光整加工装置进行垂直方向的运动，增强磁性剪切增稠光整介质与工件表面的相对运动，进而提高加工效率。在加工过程中，振动辅助光整加工装置产生的垂直方向的振动力能促使工件表面的磁性剪切增稠光整介质进行快速更替，保证加工过程中磨粒的切削能力，提高加工效率，通过配置磁极槽中磁极的排布方式，产生不同的磁力线分布，满足不同形状零件的光整加工。

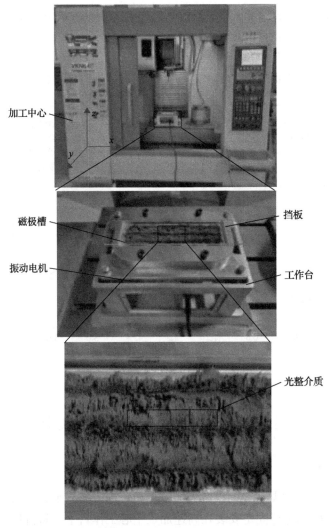

图 6-7 振动辅助磁性剪切增稠光整加工实验平台

6.4.2 振动辅助钛合金表面光整实验

通过对钛合金平面材料开展磁性剪切增稠光整加工实验，验证振动辅助光整加工装置的有效性，同时探究最优加工参数。

1. 不同振动频率下光整加工实验

为探究振动辅助对光整加工的有效性，在保持主轴转速、进给速度和加工间隙等加工参数不变的前提下，改变电机频率，进行光整加工实验，具体加工参数如表 6-1 所示。

表 6-1　不同振动频率下光整加工实验加工参数

项目	参数
加工工件	钛合金(Ti-6Al-4V)
工件尺寸/(mm×mm×mm)	10×10×4
初始表面粗糙度/μm	1.15
主轴转速/(r/min)	1600
进给速度/(mm/min)	7000
加工间隙/mm	0.9
电机频率/Hz	0, 7, 10
剪切增稠基液浓度/%	15
羰基铁粉粒径/μm	150
CBN 粒径/μm	75
质量比(羰基铁粉∶CBN)	3∶1
质量比(羰基铁粉＋CBN∶基液)	1∶1
所用光整介质质量/g	70

图 6-8 为不同电机频率下加工钛合金的表面粗糙度与加工时间的关系曲线图。由该曲线可以看出，施加振动实验组的加工效果明显优于未施加振动的实验组。

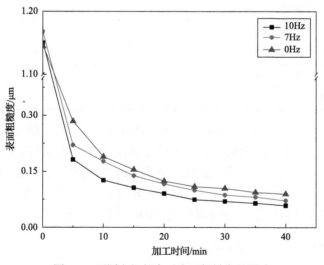

图 6-8　不同电机频率对表面粗糙度的影响

在同一加工时间内，表面粗糙度随电机频率的增加而减小。由于电机频率越大，光整加工中磨料对工件总的作用力 F_n 越大，能够更加快速地对工件表面进行材料去除，而材料去除率和表面粗糙度的下降速率呈正相关。因此，表面粗糙度随电机频率的增加而减小。以 10Hz 的电机频率加工 40min 后，工件表面粗糙度趋于稳定，表面粗糙度由初始的 1.15μm 下降到 58nm，下降幅度超过 94%。

2. 不同主轴转速下光整加工实验

为探究振动辅助磁性剪切增稠光整加工在不同主轴转速下对钛合金表面光整加工质量的影响规律，在保持电机频率、进给速度和加工间隙等参数不变的条件下，通过改变主轴转速进行光整加工实验，具体加工参数如表 6-2 所示。

表 6-2 不同主轴转速下光整加工实验加工参数

项目	参数
加工工件	钛合金(Ti-6Al-4V)
工件尺寸/(mm×mm×mm)	10×10×4
初始表面粗糙度/nm	110
主轴转速/(r/min)	1600, 1000, 400
进给速度/(mm/min)	7000
加工间隙/mm	0.6
电机频率/Hz	10
剪切增稠基液浓度/%	15
羰基铁粉粒径/μm	18
CBN 粒径/μm	13
质量比(羰基铁粉：CBN)	3：1
质量比(羰基铁粉 + CBN：基液)	1：1
所用光整介质质量/g	70

图 6-9 为不同主轴转速下加工钛合金的表面粗糙度与加工时间的关系曲线图。由该曲线可看出，主轴转速越高，加工效率越高，表面粗糙度越低。由于转速越大，在单位时间内磨粒与工件表面的接触次数越多，能够更加快速对工件表面进行材料去除。因此，表面粗糙度随主轴转速的增加而减小。当主轴转速为 1600r/min 时，表面粗糙度由初始值 107nm 降低到 44nm，降低了 58.9%。

3. 不同进给速度下光整加工实验

为探究振动辅助磁性剪切增稠光整加工在不同进给速度下对钛合金表面光整加工质量的影响规律，在保持最优主轴转速为 1600r/min 和加工间隙为 0.6mm 的情况下，选用不同进给速度进行光整加工实验，具体加工参数如表 6-3 所示。

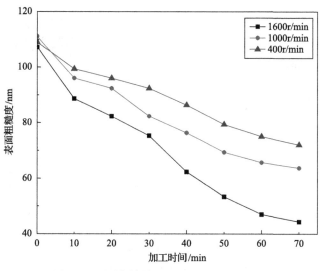

图 6-9　不同主轴转速对表面粗糙度的影响

表 6-3　不同进给速度下光整加工实验加工参数

项目	参数
加工工件	钛合金 (Ti-6Al-4V)
工件尺寸/(mm×mm×mm)	10×10×4
主轴转速/(r/min)	1600
进给速度/(mm/min)	10000, 7000, 4000
加工间隙/mm	0.6
电机频率/Hz	10
剪切增稠基液浓度/%	15
羰基铁粉粒径/μm	18
CBN 粒径/μm	13
质量比(羰基铁粉∶CBN)	3∶1
质量比(羰基铁粉+CBN∶基液)	1∶1
所用光整介质质量/g	70

　　图 6-10 为不同进给速度下加工钛合金的表面粗糙度与加工时间的关系曲线图。由该曲线可以看出，在同一加工时间内，表面粗糙度随进给速度的增加而减小。由 Preston 方程[11,12]可知，进给速度越大，磨粒与工件表面发生碰撞的频率越快，能够快速对工件表面进行材料去除。因此，表面粗糙度随进给速度的增加而减小。以 10000mm/min 的进给速度加工 70min 后，工件表面粗糙度趋于稳定，表面粗糙度由初始的 111nm 下降到 45nm，下降幅度达到 59%。

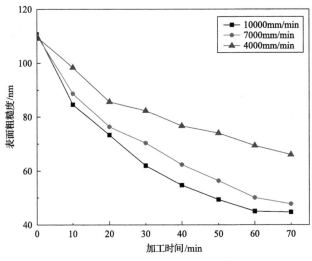

图 6-10　不同进给速度对表面粗糙度的影响

4. 不同加工间隙下光整加工实验

　　为探究振动辅助磁性剪切增稠光整加工在不同加工间隙下对钛合金表面光整加工质量的影响规律，在保持最优主轴转速为 1600r/min 和进给速度为 7000mm/min 不变的情况下，选用不同加工间隙进行光整加工实验，具体加工参数如表6-4所示。

表 6-4　不同加工间隙下光整加工实验加工参数

项目	参数
加工工件	钛合金 (Ti-6Al-4V)
工件尺寸/(mm×mm×mm)	10×10×4
初始表面粗糙度/nm	115
主轴转速/(r/min)	1600
进给速度/(mm/min)	7000
加工间隙/mm	0.6, 0.9, 1.2, 1.5
电机频率/Hz	10
剪切增稠基液浓度/%	15
羰基铁粉粒径/μm	18
CBN 粒径/μm	13
质量比(羰基铁粉∶CBN)	3∶1
质量比(羰基铁粉 + CBN∶基液)	1∶1
所用光整介质质量/g	70

图 6-11 为不同加工间隙下表面粗糙度与加工时间的关系曲线图。实验结果表明，在同一加工时间内，加工间隙越小，表面粗糙度越小。在加工间隙为 1.5mm、1.2mm、0.9mm 和 0.6mm 的条件下，加工 70min 后，最终表面粗糙度分别为 83nm、80nm、66nm 和 45nm。随着加工间隙的增大，磁感应强度减小，导致在磁场作用下形成的"增强柔性仿形粒子簇"强度减小，光整介质压力减小。因此，随着加工间隙的增大，表面光整效果变差。

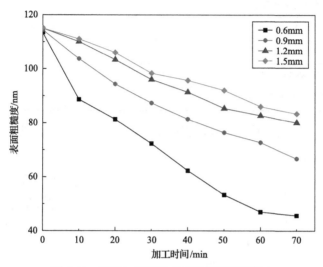

图 6-11 不同加工间隙对表面粗糙度的影响

5. 不同磨粒粒径下光整加工实验

磨粒是磁性剪切增稠光整介质中对待加工件表面进行材料去除的关键，磨粒的种类会影响加工效果，磨粒的粒径对加工效果有显著影响。为探究振动辅助磁性剪切增稠光整加工中不同磨粒粒径对加工质量的影响规律，在保持主轴转速为1600r/min、加工间隙为 0.6mm 和进给速度为 7000mm/min 不变的条件下，选用不同粒径的 CBN 磨料进行光整加工实验，具体加工参数如表 6-5 所示。

表 6-5 不同磨粒粒径下光整加工实验加工参数

项目	参数
加工工件	钛合金(Ti-6Al-4V)
工件尺寸/(mm×mm×mm)	10×10×4
初始表面粗糙度/nm	115
主轴转速/(r/min)	1600
进给速度/(mm/min)	7000

项目	参数
加工间隙/mm	0.6
电机频率/Hz	10
剪切增稠基液浓度/%	15
羰基铁粉粒径/μm	18
CBN 粒径/μm	6.5, 13, 18, 23
质量比(羰基铁粉∶CBN)	3∶1
质量比(羰基铁粉 + CBN∶基液)	1∶1
所用光整介质质量/g	70

图 6-12 为不同磨粒粒径下表面粗糙度与加工时间的关系曲线图。

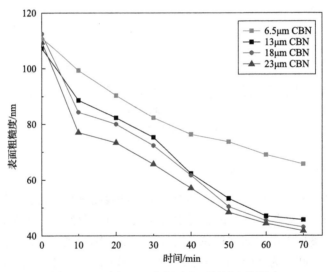

图 6-12　不同 CBN 粒径对表面粗糙度的影响

　　实验结果表明, 在同一加工时间内, 表面粗糙度随着磨粒粒径的增大而减小。由式(6-1)可知, 随着磨粒粒径的增大, 在相同的磁感应强度下, 大粒径磨料产生较大的法向光整加工压力, 对工件的材料去除率更大, 光整加工效果更好。因此, 随着磁性剪切增稠光整加工中磨粒粒径的增大, 表面光整加工效果更好。

6.4.3　振动辅助微细结构面光整实验

　　零部件表面具有一些特定形状的微结构特征, 从而使该物体具有一些特定的物理、化学等功能, 这种具有一定功能的微结构特征的表面称为微细结构功能表面，其表面微结构具有纹理结构规则、高深宽比、几何特性确定等特点，如凹槽阵列、微透镜阵列、微金字塔阵列和菲涅耳阵列等，如图 6-13 所示。这些表面微结构使得元件具有某些特定的功能，可以传递材料的物理、化学性能等，如黏附性、摩擦性、润滑性、耐磨损性，或者具备特定的光学性能等。

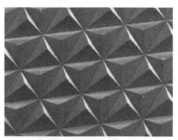

(a) 微透镜阵列　　　　　　　　　　(b) 微金字塔阵列

(c) 菲涅耳阵列

图 6-13　微细结构特征图

微细结构具有的特性使微细结构功能表面的应用十分广泛，涉及的领域包括光电及通信产品、生物医学、汽车照明等。例如，菲涅耳透镜的应用已经由太阳能聚热器发展到汽车自黏广角后视镜镜片。液晶微透镜阵列作为基本的光学元件之一，具有焦距可调、结构紧凑、功耗低、稳定性好等优点，在微纳光学领域具有广泛的应用。聚合物薄膜上的微棱镜阵列能够产生高反射率信号，广泛应用于交通信号设备中，并且微棱镜阵列具有散光效应，可以降低非混合光区的宽度，因此应用于液晶显示器背光模组发光二极管(light-emitting diode, LED)侧照明中，有效地提高了光线分布均匀性。在军用方面，通过反射镜和特殊棱镜组成的光学滑环进行光路折转传递，从而简化光学系统的结构，解决了探测器固联弹体及小型化设计的难题。

随着以铝合金、钛合金等材料为代表的微细结构器件及光学模具在各个领域的应用，对微细结构表面的面形精度和表面粗糙度的要求越来越高。微细结构功能表面不同于平面、球面及非球面等连续表面，其表面是由多个独立的微细结构单元组成的阵列，具有非连续的特殊性，对微细结构功能表面的后处理十分困难，因此选择最优加工参数，对微细结构件开展振动辅助磁性剪切增稠光整加工实验，探究振动辅助光整加工装置对不同微细结构功能表面的加工特性，具有重要的意义与价值。

1. 铝合金微细结构件光整加工

针对不同宽度微细结构尺寸的铝合金微细结构件进行磁性剪切增稠光整加工，探究振动辅助光整加工装置对不同宽度微细结构尺寸的铝合金微细结构件的加工效果。图 6-14 为低宽深比铝合金微细结构件，图 6-15 为高宽深比铝合金微细结构件。铝合金微细结构件光整加工实验加工参数如表 6-6 所示。

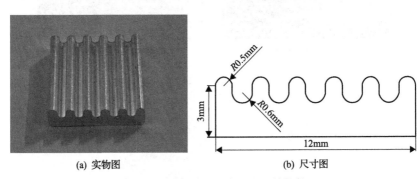

(a) 实物图　　　　　　　　(b) 尺寸图

图 6-14　低宽深比铝合金微细结构件

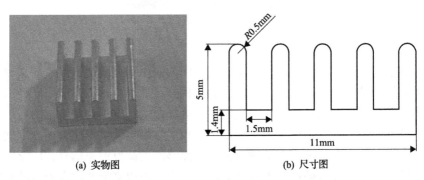

(a) 实物图　　　　　　　　(b) 尺寸图

图 6-15　高宽深比铝合金微细结构件

表 6-6　铝合金微细结构件光整加工实验加工参数

项目	参数
加工工件	铝合金
工件尺寸/(mm×mm×mm)	12×12×3, 11×11×3
主轴转速/(r/min)	0

续表

项目	参数
进给速度/(mm/min)	10000
加工间隙/mm	0.6
电机频率/Hz	10
剪切增稠基液浓度/%	15
羰基铁粉粒径/μm	150
CBN 粒径/μm	106
质量比(羰基铁粉∶CBN)	3∶1
质量比(羰基铁粉＋CBN∶基液)	1∶1
所用光整介质质量/g	70

图 6-16 和图 6-17 分别为低宽深比铝合金微细结构件表面形貌图和高宽深比铝合金微细结构件表面形貌图。加工前，微细结构功能表面存在大量由于加工成型而产生的一些氧化物和凹凸不平的结构，这些均会影响整个微细结构件的物理性能和机械性能。加工后，氧化物基本完全去除，凹凸不平的结构也得到极大改善。通过对比两种不同宽深比合金微细结构件表面的加工效果，证明了振动辅助光整加工装置针对不同材料和不同宽深比微细结构件表面加工的通用性。

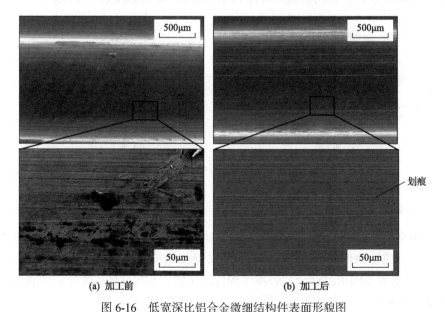

图 6-16　低宽深比铝合金微细结构件表面形貌图

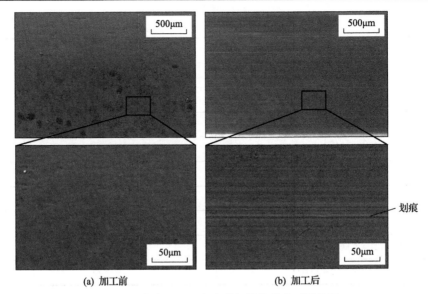

(a) 加工前　　　　　　　　　　　　(b) 加工后

图 6-17　高宽深比铝合金微细结构件表面形貌图

　　基于 UP-Lambda 型光学轮廓仪观察高宽深比铝合金微细结构件的沟槽部位，图 6-18 为高宽深比铝合金微细结构件沟槽部位加工前后表面轮廓图。由图可以看出，加工前沟槽部位的表面轮廓中有十分明显的波峰与波谷，表面粗糙度达到 1.127μm；加工后，沟槽部位表面轮廓中的波峰被大量去除，表面起伏变小，表面质量得到显著改善，表面粗糙度降低到 0.549μm，降低幅度达到 51%。

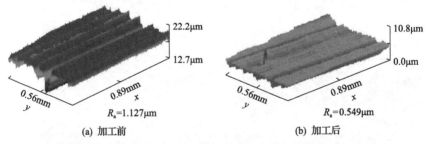

(a) 加工前　　　　　　　　　　　　(b) 加工后

图 6-18　高宽深比铝合金微细结构件沟槽部位加工前后表面轮廓图

2. 钛合金微细结构件光整加工

　　为探究振动辅助光整加工装置对微细结构表面的加工效果，基于振动辅助光整加工装置和磁性剪切增稠光整介质对钛合金微细结构件进行光整加工。图 6-19 和图 6-20 分别为不同槽宽钛合金微细结构件的实物图和尺寸图。钛合金微细结构件光整加工实验加工参数如表 6-7 所示。

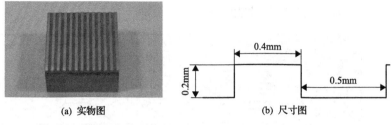

(a) 实物图　　　　　　　　　(b) 尺寸图

图 6-19　0.5mm 槽宽钛合金微细结构件

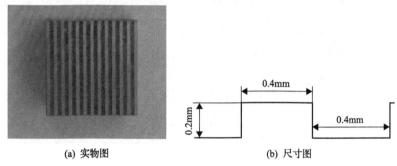

(a) 实物图　　　　　　　　　(b) 尺寸图

图 6-20　0.4mm 槽宽钛合金微细结构件

表 6-7　钛合金微细结构件光整加工实验加工参数

项目	参数
加工工件	钛合金
工件尺寸/(mm×mm×mm)	10×10×5
主轴转速/(r/min)	0
进给速度/(mm/min)	10000
加工间隙/mm	0.6
电机频率/Hz	10
剪切增稠基液浓度/%	15
羰基铁粉粒径/μm	150
CBN 粒径/μm	106
质量比(羰基铁粉：CBN)	3：1
质量比(羰基铁粉＋CBN：基液)	1：1
所用光整介质质量/g	70

图 6-21 和图 6-22 分别为不同槽宽钛合金微细结构表面加工前后 SEM 形貌图。由图可以发现，加工前微细结构功能表面存在大量由于激光加工微细结构槽而留下的大量激光烧结，这会影响钛合金微细结构件的外观和使用性能，加工后激光烧结基本完全去除，表面质量得到极大改善，验证了振动辅助光整加工装置

对微细结构表面加工的极限尺寸能够达到微米级别。

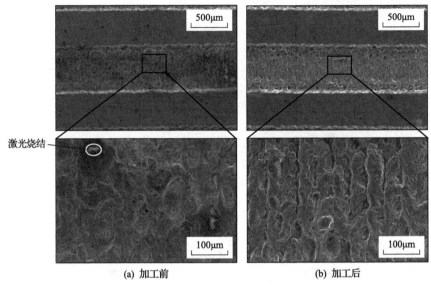

图 6-21　0.5mm 槽宽钛合金微细结构表面形貌图

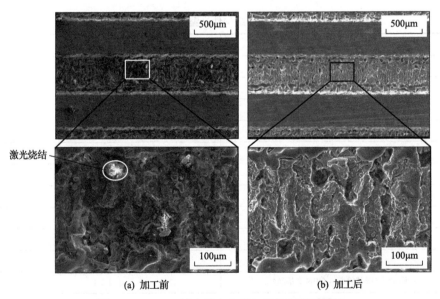

图 6-22　0.4mm 槽宽钛合金微细结构表面形貌图

参 考 文 献

[1] Nelson J D, Gould A, Klinger C, et al. Incorporating VIBE into the precision optics manufacturing process. Optical Manufacturing and Testing Ⅸ, 2011, 8126(1): 317-327.

[2] Suzuki H, Hamada S, Okino T, et al. Ultraprecision finishing of micro-aspheric surface by ultrasonic two-axis vibration assisted polishing. CIRP Annals—Manufacturing Technology, 2010, 59(1): 347-350.

[3] Guo J, Morita S Y, Hara M, et al. Ultra-precision finishing of micro-aspheric moldusing a magnetostrictive vibrating polisher. CIRP Annals—Manufacturing Technology, 2012, 61(1): 371-374.

[4] 舒晨. 非接触式超声磨粒研抛装置设计及工艺研究. 长沙: 中南大学, 2014.

[5] 韩磊. 硬脆材料超声波振动辅助研磨抛光的仿真与试验研究. 长春: 吉林大学, 2015.

[6] 张雄, 焦锋. 超声加工技术的应用及其发展趋势. 工具技术, 2012, 46(1): 3-8.

[7] 周强. 微细结构表面磁性剪切增稠光整加工工艺试验研究. 淄博: 山东理工大学, 2021.

[8] 田业冰, 范增华, 周强, 等. 一种自动化磁场辅助光整加工装置及方法: ZL202011022513.4. 2020-09-25.

[9] 田业冰, 范增华, 刘志强, 等. 一种微细结构化表面光整加工方法、介质及装置: ZL 201710002212.7. 2019-01-01.

[10] 田业冰, 范增华, 周强, 等. 一种基于磁场辅助的微细结构振动光整装置及光整方法: CN202011022513.4. 2020-12-25.

[11] Guo J, Kum C W, Au K H, et al. New vibration-assisted magnetic abrasive polishing(VAMAP) method for microstructured surface finishing. Optics Express, 2016, 24(12): 13542-13554.

[12] Zhou K, Chen Y, Du Z W, et al. Surface integrity of titanium part by ultrasonic magnetic abrasive finishing. International Journal of Advanced Manufacturing Technology, 2015, 80: 997-1005.

第7章　磁性剪切增稠光整加工技术应用与展望

7.1　典型零部件磁性剪切增稠光整加工

7.1.1　微细结构零部件光整加工

1. 碳化硅陶瓷微细结构件光整加工

随着电子科技向微型化和多元化发展，电子元件的效能相对提高，导致单位体积发出的热量也越来越多。为了保证电子元件正常的工作状态，电子元件快速安全地降温十分重要。最有效和应用最为广泛的方式是加装散热片帮助电子元件降温，以提高工作效能。常见的散热片主要有柱状(图 7-1(a))和平板状(图 7-1(b))，具有微细结构特征[1-3]。

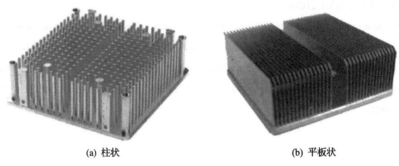

(a) 柱状　　　　　　　　　　　　　　(b) 平板状

图 7-1　散热片基本形状

图 7-2(a)所示的铝合金散热片可以对 300℃ 以下的流体进行散热，但是该散热片无法对腐蚀性的流体进行散热。图 7-2(b)所示的碳化硅陶瓷散热片具有耐高温、耐腐蚀的特点，可以对各种高温、高腐蚀的流体进行散热，散热效果好，并且陶瓷散热片使用寿命长，同等情况下陶瓷散热片是金属散热片的几倍至几十倍。

以 SiC 为主体烧结的碳化硅陶瓷作为一种特种陶瓷，具备不积蓄热特性，适用于制作电子陶瓷散热片。表 7-1 为碳化硅陶瓷散热片详细的材料参数，莫氏硬度可达到 6，导热系数可达到 $10W/(m\cdot K)$，微孔洞结构碳化硅陶瓷片与同单位面积金属散热片相比可多出 30% 的孔隙率，极大地增加了其与空气接触的散热面积，可以更高效地散热。同时，碳化硅微孔陶瓷散热片具备优良的电气绝缘性能，不会与功率元件产生寄生电容，能够有效防止电磁干扰与静电带来的影响，其重量轻、体积小，符合电子产品散热的要求。

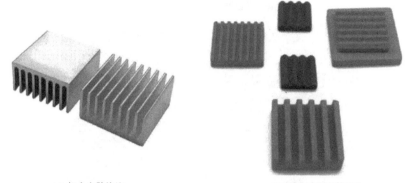

(a) 铝合金散热片　　　　　　　　　　　(b) 碳化硅陶瓷散热片

图 7-2　散热片实物图

表 7-1　碳化硅陶瓷散热片详细的材料参数

项目	参数
材料	碳化硅
密度/(g/cm^3)	2.0
莫氏硬度	6
孔隙率/%	30
耐磨性/(g/cm^2)	0.2
最高使用温度/℃	250
弯曲强度/MPa	88
纯度/%	99
导热系数/$[W/(m·K)]$	10
颜色	绿色

对图 7-3 所示的尺寸为 10mm×10mm×5mm 的 2 槽碳化硅陶瓷微细结构件中沟槽位置进行表面形貌观测，SEM 观测结果如图 7-4 所示。由于碳化硅陶瓷是以

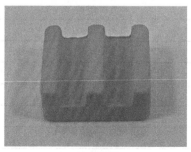

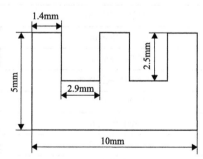

(a) 实物图　　　　　　　　　　　(b) 尺寸图

图 7-3　2 槽碳化硅陶瓷微细结构件

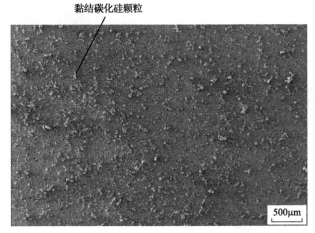

图 7-4　碳化硅陶瓷表面加工前 SEM 图

SiC 为主体烧结而成的，成品的表面会存在很多黏结碳化硅颗粒，这些颗粒不仅影响散热片的外观，而且容易堵塞孔隙，影响碳化硅陶瓷散热片的散热能力。因此，对碳化硅陶瓷微细结构件进行光整加工时，去除表面黏结碳化硅颗粒具有重要的意义。

　　1)四磁极耦合旋转光整加工

　　基于四磁极耦合旋转光整加工装置对碳化硅陶瓷微细结构件进行磁性剪切增稠光整加工，探究四磁极耦合旋转光整加工装置对陶瓷微细结构表面光整加工质量的影响规律。进给速度为 10000mm/min，主轴转速为 900r/min，加工间隙为0.7mm，其他实验参数如表 7-2 所示。

表 7-2　四磁极耦合旋转光整加工实验参数

项目	参数
加工工件	碳化硅陶瓷
工件尺寸/(mm×mm×mm)	10×10×5
主轴转速/(r/min)	900
进给速度/(mm/min)	10000
加工间隙/mm	0.7
剪切增稠基液浓度/%	15
羰基铁粉粒径/μm	250
碳化硅粒径/μm	150
质量比(羰基铁粉∶碳化硅)	3∶1
质量比(羰基铁粉 + SiC 磨粒∶基液)	1∶1
所用光整介质质量/g	20

　　图 7-5 为碳化硅陶瓷微细结构件表面加工前后 SEM 图。由图可以发现，加工前微细结构表面存在大量的黏结碳化硅颗粒，在加工 30min 后，黏结碳化硅颗粒被大幅度去除，大量的微小孔隙出现，表面质量得到显著改善，碳化硅陶瓷微细结构件的散热功能得到明显提高。加工后的碳化硅陶瓷微细结构件表面仍然存在少量黏结比较严重的碳化硅颗粒，需要改进加工工艺，使陶瓷微细结构件获得更高的表面质量。

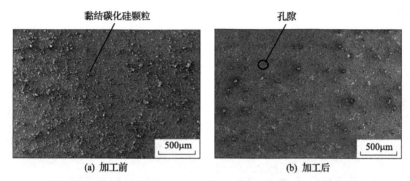

(a) 加工前　　　　　　　　　　　　　(b) 加工后

图 7-5　碳化硅陶瓷微细结构件表面加工前后 SEM 图(四磁极耦合旋转光整加工)

2)振动辅助光整加工

　　为改善四磁极耦合旋转光整加工装置对陶瓷微细结构件表面光整加工质量均一性差的问题，基于振动辅助光整加工装置和磁性剪切增稠光整介质对陶瓷微细结构件进行磁性剪切增稠光整加工，实验加工装置如图 6-7 所示，加工参数如表 7-3 所示。

表 7-3　振动辅助光整加工实验参数

项目	参数
加工工件	碳化硅陶瓷
工件尺寸/(mm×mm×mm)	10×10×5
主轴转速/(r/min)	0
进给速度/(mm/min)	10000
加工间隙/mm	0.6
电机频率/Hz	10
剪切增稠基液浓度/%	15
羰基铁粉粒径/μm	150
CBN 粒径/μm	106
质量比(羰基铁粉∶碳化硅)	3∶1
质量比(羰基铁粉 + CBN∶基液)	1∶1
所用光整介质质量/g	70

在光整加工过程中，主轴的高速旋转运动会带动碳化硅陶瓷微细结构件将附近的光整加工介质挤出，无法使光整加工介质更好地进入微细结构槽内部，导致加工效率低下。因此，在加工微细结构表面时，在保持其他加工参数不变的情况下，设置主轴转速为 0。图 7-6 为碳化硅陶瓷微细结构件表面加工前后 SEM 图，可以看出加工前碳化硅陶瓷微细结构件表面存在大量的黏结碳化硅颗粒，加工 30min 后，这些黏结碳化硅颗粒被完全去除，表面质量得到极大改善，散热性能得到提高。

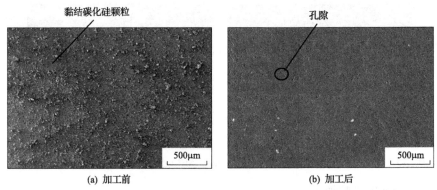

(a) 加工前　　　　　　　　　　　　　　(b) 加工后

图 7-6　碳化硅陶瓷微细结构件表面加工前后 SEM 图（振动辅助光整加工）

为验证振动辅助光整加工装置针对不同结构尺寸的微细结构表面光整加工的通用性，如图 7-7 所示，选择尺寸为 12mm×12mm×5mm 的 3 槽碳化硅陶瓷微细结构件，在保持和 2 槽碳化硅陶瓷微细结构件光整加工参数相同的条件下进行光整加工。

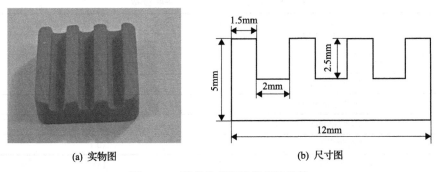

(a) 实物图　　　　　　　　　　　　　　(b) 尺寸图

图 7-7　3 槽碳化硅陶瓷微细结构件

图 7-8 为碳化硅陶瓷微细结构件表面加工前后 SEM 图。由图可以看出，加工前碳化硅陶瓷微细结构件在致密结合的碳化硅表面存在大量黏结碳化硅颗粒，在加工后这些黏结碳化硅颗粒被完全去除，表面质量得到极大改善。由放大图可以看出，碳化硅陶瓷微细结构件表面存在大量由于不规则碳化硅颗粒结合而形成的

微小孔隙，极大提高了碳化硅陶瓷微细结构件的散热能力。

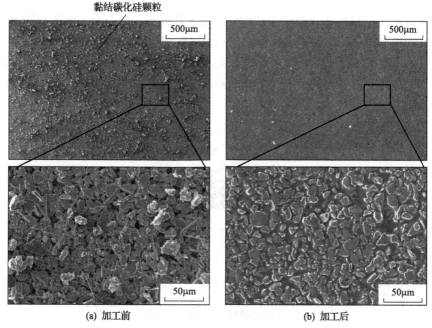

(a) 加工前　　　　　　　　　　　　　(b) 加工后

图 7-8 碳化硅陶瓷微细结构件表面加工前后 SEM 图

为进一步解释上述现象，利用表面粗糙度表征工件表面的光整加工效果。由于探针式测量方式无法对微细结构件的沟槽部位进行测量，选用 UP-Lambda 型光学轮廓仪对碳化硅陶瓷微细结构件的沟槽部位进行测量。图 7-9 为碳化硅陶瓷微细结构件沟槽部位加工前后表面轮廓图，可以发现加工前沟槽表面的轮廓中波峰与波谷差距较大，表面粗糙度 R_a 高达 3.976μm，加工后沟槽表面的轮廓起伏变小，表面质量得到极大改善，表面粗糙度降至 1.730μm，降幅达到 56%。实验结果验证了振动辅助光整加工装置针对不同宽度微细结构尺寸的碳化硅陶瓷微细结构件表面光整加工的通用性。

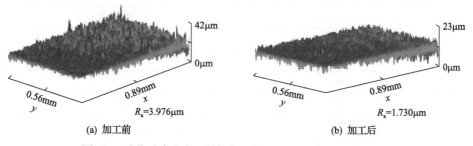

(a) 加工前　　　　　　　　　　　　　(b) 加工后

图 7-9 碳化硅陶瓷微细结构件沟槽部位加工前后表面轮廓图

2. 钛合金微细结构件光整加工

针对难加工材料钛合金微细结构件表面进行光整，钛合金表面矩形沟槽的加工尺寸如图 7-10 所示。加工表面分为三个加工区域，分别为 0.3mm、0.4mm、0.5mm 的宽度，矩形沟槽深度均为 0.2mm。针对不同尺寸的沟槽，基于研制的振动辅助光整加工装置和磁性剪切增稠光整介质对微型沟槽开展光整加工实验，并在 SEM 下观测光整加工效果。

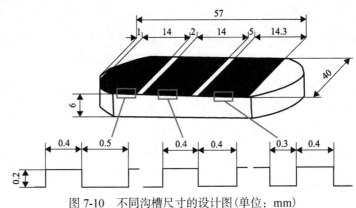

图 7-10　不同沟槽尺寸的设计图(单位：mm)

微细沟槽的加工采用淄博乐品诺激光加工有限公司的 20W 光纤激光打标机，其性能指标如表 7-4 所示。该设备采用光纤专用控制卡，运行速度快，雕刻精度高，能迅速降低被加工工件表面的温度，减少被加工物的形变和内应力。钛合金表面矩形沟槽加工如图 7-11 所示。沟槽加工完成后，用丙酮浸泡 1h，再放置到超声清洗仪中超声清洗 30min，等待下一步加工实验。

表 7-4　20W 光纤激光打标机性能指标

项目	参数
激光波长/nm	1064+10
输出功率/W	10, 20, 30
标刻范围/(mm×mm)	110×110 或 140×140
碳标刻深度/mm	<0.2
打标速度/(mm/s)	0~7000
最小线宽/mm	0.001
最小字符/mm	0.15
冷却方式	风冷
定位	红光定位
使用电源	AC110V+10% 60Hz

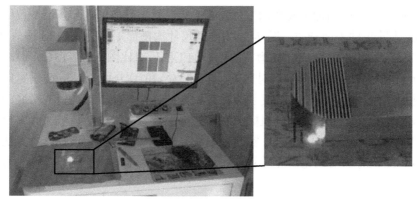

图 7-11　激光扫描式沟槽加工

　　针对钛合金微细结构沟槽的光整加工，所选用加工参数如表 7-5 所示。基于所研制的振动辅助光整加工装置，采用磁性剪切增稠光整介质对其矩形沟槽表面进行光整加工，图 7-12 为加工后的钛合金矩形微细结构沟槽实物图。

表 7-5　钛合金微细结构沟槽的光整加工参数

项目	参数
材料	PEG200, 50nm SiO$_2$, 羰基铁粉 (250μm), SiC (150μm)
剪切增稠基液浓度/%	23
质量比 (羰基铁粉：基液)	1：2
碳化硅含量/%	25
加工间隙/mm	0.8
主轴转速/(r/min)	900
进给速度/(mm/min)	15000

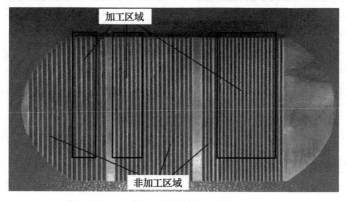

图 7-12　矩形微细结构沟槽实物图

按照表 7-5 中的加工参数加工 120min 后，将工件放置在超声清洗仪中清洗 30min，去除工件表面杂质。图 7-13 为不同尺寸沟槽加工前后的 SEM 图。其中，图 7-13（a）和（b）分别为 0.3mm 槽宽的沟槽加工前后对比图，图 7-13（c）和（d）分别为 0.4mm 槽宽的沟槽加工前后对比图，图 7-13（e）和（f）分别为 0.5mm 槽宽的沟槽加工前后对比图。加工前，槽底表面存在大量激光烧结的熔渣，造成槽底凹凸不平，较为粗糙；加工后，槽内粗糙的底面变得平滑，表面的熔渣被去除，槽的侧面可以明显看到材料去除痕迹。实验证明，采用新型磁性剪切增稠光整方法与加工装置、磁性剪切增稠光整介质对不同尺寸的矩形沟槽表面的光整加工具有显著效果。

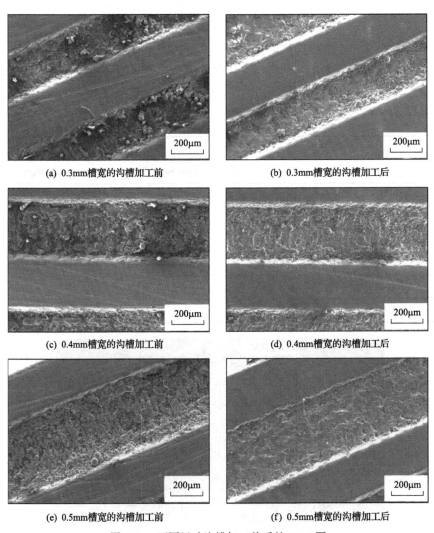

(a) 0.3mm槽宽的沟槽加工前　　　　　　　　(b) 0.3mm槽宽的沟槽加工后

(c) 0.4mm槽宽的沟槽加工前　　　　　　　　(d) 0.4mm槽宽的沟槽加工后

(e) 0.5mm槽宽的沟槽加工前　　　　　　　　(f) 0.5mm槽宽的沟槽加工后

图 7-13　不同尺寸沟槽加工前后的 SEM 图

7.1.2　先进陶瓷材料光整加工

氧化锆及复合陶瓷材料具有硬度高、强度高、耐高温、抗疲劳、化学性质稳定等性能,在航空航天、电子、能源和生物医疗等领域得到广泛应用[3-6],如图 7-14 所示。氧化锆陶瓷具有良好的生物相容性,对生物机体无刺激,是人造义齿、人造骨骼的理想材料。

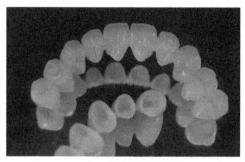

(a) 氧化锆超精密轴承　　　　　　　　　　　(b) 氧化锆牙齿

图 7-14　氧化锆陶瓷的应用

氧化锆陶瓷材料具有脆性大、耐磨性好等特点,传统的机械加工效率较低,加工难度大,加工成本高,且加工后的工件表面质量较差。为了得到高质量的氧化锆陶瓷表面,基于研制的四磁极耦合旋转式光整装置和磁性剪切增稠光整介质对氧化锆陶瓷进行磁性剪切增稠光整加工实验,分析影响加工效果的因素。

基于高速加工中心搭建的实验平台,如图 7-15 所示,四磁极耦合旋转磁场发

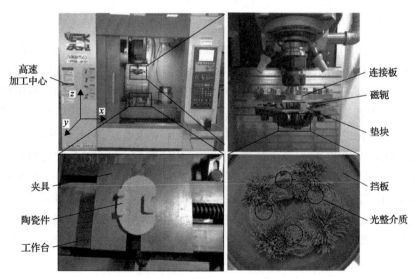

图 7-15　四磁极耦合旋转磁场光整加工实验平台

生装置安装在高速加工中心主轴上，调控主轴在垂直方向的运动可以控制磁场发生装置与工件的间隙。

　　将工件固定在高速加工中心工作台的夹具上，通过主轴驱动磁场发生装置旋转运动，工作台带动工件进行进给运动，使光整介质在工件表面形成相对运动，完成对工件表面材料的去除。先进陶瓷材料光整加工实验参数表 7-6 所示。

表 7-6　先进陶瓷材料光整加工实验参数

项目	参数
加工工件	氧化锆陶瓷
主轴转速/(r/min)	900
进给速度/(mm/min)	10000
加工间隙/mm	0.7
剪切增稠基液浓度/%	15
羰基铁粉粒径/μm	250
黑碳化硅粒径/μm	250
绿碳化硅粒径/μm	180, 250
CBN 粒径/μm	10
质量比(羰基铁粉∶SiC 磨粒)	3∶1
质量比(羰基铁粉 + SiC 磨粒∶基液)	1∶1

1. 不同种类碳化硅光整加工实验

　　针对氧化锆和氧化铝复合陶瓷开展磁性剪切增稠光整实验，由于烧结工艺的限制，陶瓷工件的初始表面粗糙度为 5.3μm，选用大粒径、高硬度的碳化硅磨粒对其进行光整加工，探究碳化硅磨粒对表面粗糙度的影响。碳化硅磨粒因硬度高被广泛应用于难加工材料的光整加工，工业中使用的碳化硅磨粒主要分为黑碳化硅磨粒和绿碳化硅磨粒，其中，黑碳化硅磨粒的莫氏硬度为 9.2～9.3，绿碳化硅磨粒的莫氏硬度可达 9.5。基于两种不同的碳化硅磨粒，探究磨粒硬度对光整加工的影响。由图 7-16 可见，当选用粒径为 250μm 黑碳化硅时，工件表面粗糙度在 180min 内由 5.287μm 下降到 4.438μm；当选用粒径为 250μm 绿碳化硅时，工件表面粗糙度在 180min 内由 5.249μm 下降到 4.273μm。结果表明，绿碳化硅实验组的表面粗糙度下降趋势更快。在同等加工参数下，硬度越大的磨粒对工件的切削深度越大，材料去除率更高，因此表面粗糙度下降速率更快。

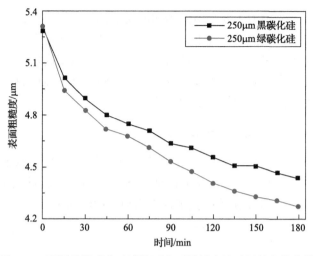

图 7-16　不同种类碳化硅磨粒下表面粗糙度随时间的变化曲线

2. 不同粒径绿碳化硅光整加工实验

由于绿碳化硅的加工效果较好，在其他加工参数不变的情况下，选用不同粒径绿碳化硅配置剪切增稠光整介质，开展光整加工实验，表面粗糙度测量结果如图 7-17 所示。当绿碳化硅粒径为 180μm 时，工件表面粗糙度在 180min 内由 3.391μm 下降到 2.157μm，表面粗糙度降低了 36%。当绿碳化硅粒径为 250μm 时，工件表面粗糙度在 180min 内由 3.375μm 下降到 2.084μm，表面粗糙度降低了 38%，两组实验的表面粗糙度变化趋势在加工 150min 后趋于平缓，达到加工饱和期。结果表明，大粒径绿碳化硅的实验组加工效果更好。由于在磁性剪切增稠光整加工

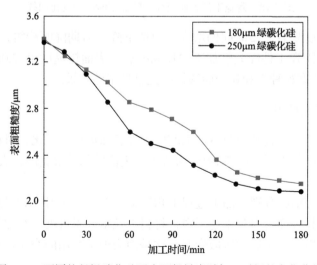

图 7-17　不同粒径绿碳化硅下表面粗糙度随加工时间的变化曲线

中，磨粒对工件的光整力主要是由磁场和剪切增稠作用提供的，在所配置的光整介质中，磨粒质量比相同的情况下，磨粒的粒径越大，作用在工件表面单位面积上的磨粒数量越少，单颗磨粒对工件的光整力越大。对于高硬度、高粗糙度的陶瓷件，磨粒粒径越大，光整加工效果越好。该实验验证了磁性剪切增稠光整技术对高硬度、高耐磨性材料光整加工的有效性。

3. 小粒径立方氮化硼光整加工实验

碳化硅磨粒加工到饱和状态后，选择硬度更大和粒径更小的 CBN 磨粒进行进一步光整加工实验。基于粒径为 10μm 的 CBN 磨粒配置磁性剪切增稠光整介质，进行光整实验，图 7-18 给出了陶瓷工件表面粗糙度随加工时间的变化关系。

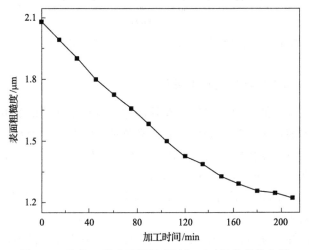

图 7-18　陶瓷工件表面粗糙度随加工时间的变化曲线

表面粗糙度随着光整时间的增大而快速下降，后期降幅趋缓，加工 180min 时趋于饱和。陶瓷工件经光整加工 210min 后，表面粗糙度由 2.084μm 降低至 1.221μm，改变磨粒种类和粒径能够提高光整加工的效果。

4. 表面形貌观测

为了更加清晰、直观地观察加工前后工件表面形貌的变化，对加工过程中陶瓷工件的表面进行观测。图 7-19(a) 为待加工表面的初始形貌图，表面十分粗糙，凹凸不平。

图 7-19(b) 和 (c) 分别为加工过程中和加工后表面形貌图，随着加工时间增加，粗糙不平的材料表面变得越来越平滑，材料去除量肉眼可见。对比加工前后的工件表面可以看出，加工后的区域变黑，这是因为加工所用的磨粒在加工过程中破碎残留。

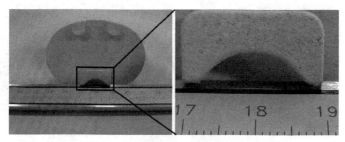

(a) 加工前表面形貌图

(b) 加工过程中表面形貌图

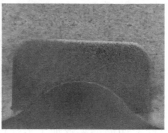

(c) 加工后表面形貌图

图 7-19 陶瓷表面加工前后形貌图

所设计的磁场辅助光整加工装置能够便捷地填装和卸载磁性剪切增稠光整介质,多磁极耦合的磁极排布方式能够增强光整区域的磁感应强度和磁感应梯度,形成更多的"增强柔性仿形粒子簇",提高加工效率。此外,对比三种规格磨粒的加工效果,光整加工氧化锆及复合陶瓷这类高硬度、高耐磨性材料时,硬度越高的磨粒加工效果越明显。研究结果表明,使用磁性剪切增稠光整加工方法加工高硬度、高耐磨性材料,为材料去除模型和表面粗糙度模型的建立奠定了基础。

7.1.3 自由曲面零部件光整加工

高精度复杂曲面零件的加工代表了超精密加工技术的最高水平,已逐渐成为加工行业的研究热点。随着 CAD/CAM(computer aided manufacturing,计算机辅助制造)技术的不断完善和渐趋成熟,在 20 世纪 80 年代,复杂曲面造型和反求技术应用于复杂曲面设计及超精密成型加工中。为适应高性能、高可靠性以及延长寿命等实际应用要求,如航空发动机叶片(图 7-20(a))、汽轮机叶片(图 7-20(b))等异形空间曲面经精密成型加工后,必须进行后续的精密与超精密加工工序,以期达到精度、形状和表面完整性的要求。因此,光整技术成为降低表面粗糙度、去除损伤层的重要手段。但一些复杂曲面的光整加工基本依靠手工作业,劳动强度大,难以保证加工质量,亟须发展新型精密与超精密光整方法[7-10]。

(a) 航空发动机叶片　　　　　　　　　　　　　(b) 汽轮机叶片

图 7-20　复杂曲面的部分应用

　　由于复杂曲面存在一定变化的曲率半径，加工工具难以与工件面形相吻合，要实现曲面零件的精密与超精密加工，加工工具不仅需要具有一定的柔性以适用于复杂曲面变化的曲率，还需要具有足够高的刚度与硬度以保证材料去除效果。利用提出的磁性剪切增稠光整加工方法可以满足复杂曲面的光整加工条件，在磁场作用下形成的"增强柔性仿形粒子簇"可以紧密贴附在工件表面。在磁场和应力场的影响下，"增强柔性仿形粒子簇"的刚度和硬度可以根据不同的加工条件自适应改变，既可以满足加工时的材料去除率要求，又可以保证工件的面形精度。因此，本节提出了基于径向开槽磁极的磁性剪切增稠光整加工方法对正弦曲面进行光整加工[11]，待加工工件的尺寸如图 7-21 所示。

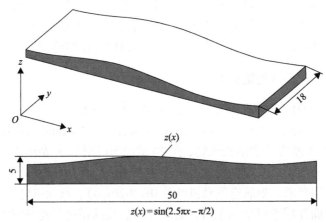

$$z(x) = \sin(2.5\pi x - \pi/2)$$

图 7-21　待加工工件的尺寸(单位：mm)
$z(x)$ 代表在 xOz 面 z 值随 x 的变化函数

　　基于新研制的径向开槽磁极和磁性剪切增稠光整介质搭建实验平台，对正弦曲面开展磁性剪切增稠光整加工实验。在磁场辅助光整加工中，磁场发生装置的设计一直是研究焦点。在以往的磁场发生装置研究中，对圆柱形磁极充磁方向的研究涉及较少。与轴向充磁圆柱磁极相比，在光整加工中径向充磁圆柱磁极的光整区域面积更大，加工效率更高，并且能够改善由加工区域磨粒线速度不同而导致的加工时工件表面质量均一性差的问题。基于 COMSOL 软件分析径向磁极开槽数量对光整区域磁感应强度和磁感应梯度的影响规律，确定磁极开槽数量与几何尺寸。使用单因素分析方法对径向开槽圆柱磁极的光整效果进行研究，探究加工间隙、主轴转速、光整介质配比等实验变量对光整加工效果的影响。

1. 径向开槽圆柱磁极光整加工原理

图 7-22 为径向开槽圆柱磁极对正弦曲面进行磁性剪切增稠光整加工原理示意图。磁性剪切增稠光整介质由立方氮化硼(CBN)磨料、羰基铁粉(CIP)、聚乙二醇(PEG200)和二氧化硅(SiO_2)等成分制备。

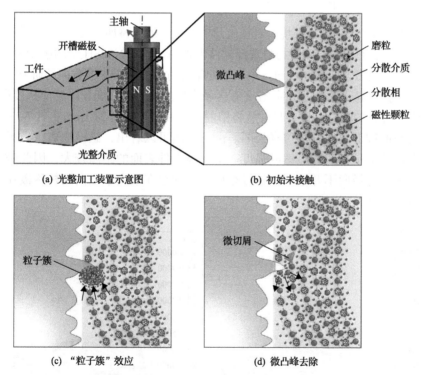

图 7-22　径向开槽圆柱磁极对正弦曲面进行磁性剪切增稠光整加工原理示意图

磁性剪切增稠光整加工时，光整介质填充在磁性剪切增稠光整加工系统(图 7-22(a))的径向开槽圆柱磁极与被加工工件所形成的加工间隙中，在径向开槽圆柱磁极产生的磁场作用下，沿着磁力线方向聚集在工件的表面生成"柔性仿形粒子簇"，如图 7-22(b)所示。当磁性剪切增稠光整加工系统控制驱动磁性剪切增稠光整介质与工件表面的微凸峰接触、碰撞、挤压作用时，新型磁性剪切增稠介质在反切向载荷阻抗力及磁场耦合作用下迅速发生剪切增稠的"群聚效应"，在"柔性仿形粒子簇"中产生"增强粒子簇"，进一步提高对磨粒的把持强度，形成"增强柔性仿形粒子簇"，工件表面微凸峰处形成的反切向载荷阻抗力因"群聚效应"的增强而增大，当超过材料临界屈服应力时，工件表面微凸峰被"增强柔性仿形粒子簇"微/纳磨粒去除，如图 7-22(c)所示；当越过并去除了工件表面微凸峰后，"群聚效应"弱化，"增强柔性仿形粒子簇"恢复至初始状态，如图 7-22(d)所示。当磨粒再次接触工件表面微凸峰时，光整加工会重复接触阶段、去除阶段、恢复阶段的过程，在"剪切增稠"与"磁化增强"的双重作用下形成"增强柔性仿形粒子簇"往复循环去除工件表面的微凸峰，从而实现工件表面材料光整去除。

2. 径向开槽圆柱磁极磁场仿真

基于 COMSOL 仿真环境，对径向开槽圆柱磁极光整加工装置进行磁场仿真。求解器选择静态磁场。磁极材料选择软件内置的钕铁硼 N38SH。采用三角形网格剖分设置，充磁方向选择径向。根据早期学者对圆柱磁极开槽方面的研究[12,13]，当槽的深度和宽度之比为 1 时，在光整区域产生的磁感应强度和磁感应梯度最大，结合磁极材料的特性和磁极尺寸，将槽的深度和宽度设置为 1mm。图 7-23 为径向不同开槽数下圆柱磁极仿真云图。由三维图可以看出，磁极槽边缘磁感应强度最大，其次是槽间的磁感应强度。槽底与工件表面的距离较大，因此磁感应强度最小。与径向不开槽圆柱磁极相比，槽的存在增大了径向圆柱磁极在圆周方向的磁感应梯度。

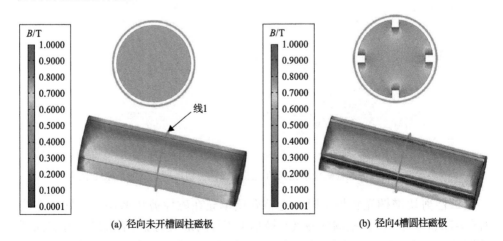

(a) 径向未开槽圆柱磁极　　　　　　　　　　(b) 径向4槽圆柱磁极

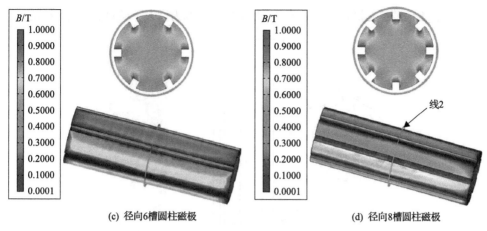

(c) 径向6槽圆柱磁极　　　　　　　　　　(d) 径向8槽圆柱磁极

图 7-23　径向不同开槽数下圆柱磁极仿真云图

假设磨粒不被压缩，单颗磨粒在磁场作用下对工件的法向压力为 F_n：

$$F_n = \frac{v}{\mu_0} B\Delta B \tag{7-1}$$

式中，v 为磨粒的体积；μ_0 为真空磁导率；B 为磁感应强度；ΔB 为磁感应梯度的单位增量。

单颗磨粒对工件的剪切力 F_t 主要由剪切增稠效应产生。因此，单颗磨粒对工件的作用合力 F 为

$$F = \sqrt{F_t^2 + F_n^2} \tag{7-2}$$

由式(7-1)可知，单颗磨粒对工件的法向压力 F_n 随光整区域磁感应梯度的增大而增大，进一步增大单颗磨粒对工件的作用合力。

由图 7-23 可以看出，随着开槽数量的增加，径向开槽圆柱磁极侧面圆周方向上的磁感应强度变化增大。但由于磁极的尺寸和物理强度的限制，最终将开槽数量确定为 8。径向 8 槽圆柱磁极槽通过激光切割的方法制成，其尺寸和实物如图 7-24 所示。

为得到径向未开槽圆柱磁极和径向开槽圆柱磁极沿圆周方向上的磁感应强度分布，基于三维仿真结果获取沿图 7-23 中线 1 和线 2 方向的磁感应强度，其中线 1 和线 2 与磁极表面最近的距离为 0.7mm。

磁感应强度仿真结果与测量结果对比如图 7-25 所示。由图可知，径向未开槽圆柱磁极在圆周方向上磁感应强度始终约为 450mT，磁感应梯度较小。而径向 8 槽圆柱磁极在槽间磁感应强度变化大，其最大磁感应强度为 489mT，最小磁感应强度为 349mT，ΔT 为 140mT，磁感应梯度远大于径向未开槽圆柱磁极。由式(7-1)

可知,径向8槽圆柱磁极在光整区域对磁性磨粒的磁场力远大于径向未开槽圆柱磁极。

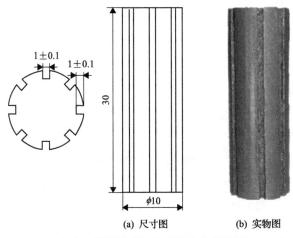

(a) 尺寸图　　　　　　　　(b) 实物图

图 7-24　径向 8 槽圆柱磁极尺寸和实物图(单位：mm)

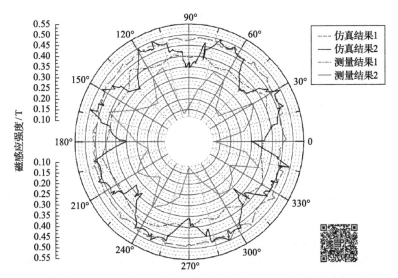

图 7-25　磁感应强度仿真结果与测量结果对比(彩图请扫二维码)

　　为验证磁场仿真结果的可靠性,通过 GM-500 型高斯计实际测量径向未开槽圆柱磁极和径向 8 槽圆柱磁极的磁感应强度,并与仿真结果进行对比。沿图 7-23中线 1 和线 2 圆周方向每转动磁极 10°测量一次。测量时,每转动 10°将高斯计静止待读数稳定,获取测量值,测量结果如图 7-25 所示。测量时在空气中存在漏磁现象,造成径向未开槽圆柱磁极的实测磁感应强度略小于仿真结果,但磁感应强度的变化趋势与仿真结果保持一致。径向 8 槽圆柱磁极的实测结果与仿真结果相比偏小,这是因为在使用激光切割槽时,高温会破坏磁矩的排列方式,使磁极损失一部分磁性。实测径向 8 槽圆柱磁极的最大磁感应强度和最小磁感应强度分别为 403mT 和 117mT，磁感应强度可以满足光整加工的要求，并且具有较大的磁感应梯度。测量结果验证了仿真的有效性。

3. 实验装置

图 7-26 为径向开槽圆柱磁极磁性剪切增稠光整加工实验装置，径向开槽圆柱磁极通过刀柄与主轴固定连接。工件被夹具固定在测力仪上，测力仪固定安装在高速加工中心的工作台上。

图 7-26　径向开槽圆柱磁极磁性剪切增稠光整加工实验装置

通过对高速加工中心运动轨迹的规划，径向开槽圆柱磁极始终沿着正弦曲面以恒定的间隙、转速、进给速度移动。在光整加工过程中，使用测力仪对光整力进行分析，探究开槽数量、磁性磨粒粒径对光整力的影响规律。

4. 正弦曲面光整实验

针对正弦曲面开展磁性剪切增稠光整加工实验，验证径向开槽圆柱磁极对正弦曲面光整加工的有效性，探究开槽磁极的光整加工特性，并通过单因素分析方法，探究磁性剪切增稠光整加工的最优参数。正弦曲面光整实验加工参数如表 7-7 所示。

表 7-7　正弦曲面光整实验加工参数

项目	参数
工件材料	不锈钢 304
主轴转速/(r/min)	600, 800, 1000
进给速度/(mm/min)	5
加工间隙/mm	0.7, 0.9, 1.1

续表

项目	参数
剪切增稠基液浓度/%	15
羰基铁粉粒径/μm	150, 50, 6.5
CBN 粒径/μm	106, 23, 2.6
质量比(羰基铁粉∶CBN)	6∶1
质量比(羰基铁粉＋CBN∶基液)	2∶3
工件初始粗糙度/nm	500～600

1)径向未开槽圆柱磁极和径向 8 槽圆柱磁极对比光整加工实验

为验证径向圆柱磁极开槽对光整加工的有效性,在保持主轴转速为 1000r/min、加工间隙为 0.7mm、羰基铁粉和 CBN 磨粒粒径分别为 150μm 和 106μm 的条件下,分别使用径向未开槽圆柱磁极和径向 8 槽圆柱磁极进行光整加工实验。其他加工参数如表 7-7 所示。

图 7-27 为分别使用径向未开槽圆柱磁极和径向开槽圆柱磁极进行光整加工的表面粗糙度随加工时间的变化曲线。结果表明,在相同的光整条件下,径向开槽圆柱磁极的加工效果优于径向未开槽圆柱磁极。在加工至 60min 时,径向开槽圆柱磁极实验组表面粗糙度下降至 121nm,趋于饱和。在加工至 80min 时,径向未开槽圆柱磁极实验组表面粗糙度下降至 206nm,下降速度明显小于径向开槽圆柱磁极实验组。由式(7-1)可知,在相同的加工条件下,径向开槽圆柱磁极在光整区域产生了更大的光整力,增加了材料去除率,提高了光整加工效率和质量。

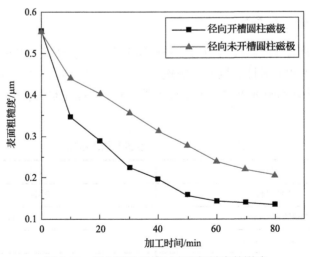

图 7-27　径向磁极开槽对表面粗糙度的影响

为进一步验证磁性剪切增稠光整实验结果，对光整加工过程中的光整力进行测量，结果如图 7-28 所示。由图可知，径向开槽圆柱磁极实验组光整力达 8.3N，径向未开槽圆柱磁极实验组的光整力为 4.8N，进一步验证了圆柱磁极径向开槽的有效性。

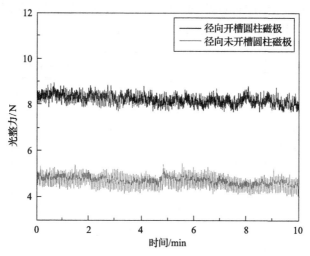

图 7-28　径向磁极开槽对光整加工中光整力的影响

2) 不同羰基铁粉和 CBN 磨料粒径下的光整加工实验

羰基铁粉和 CBN 磨料是剪切增稠光整介质中对正弦曲面进行材料去除的关键，由式 (7-1) 可知，羰基铁粉粒径的大小会影响作用在工件上的磁场力，而 CBN 磨料的粒径会影响加工效果。为探究磁性剪切增稠光整加工中不同羰基铁粉和 CBN 磨料的粒径对工件表面质量的影响规律，在保持主轴转速为 1000r/min、加工间隙为 0.7mm 和进给速度为 5mm/min 不变的条件下，分别选用三组不同粒径的羰基铁粉和 CBN 磨料进行光整加工实验，加工参数如表 7-8 所示，其他加工参数如表 7-7 所示。

表 7-8　不同粒径磨料实验设计

实验组数	CBN 磨料粒径/μm	羰基铁粉粒径/μm
实验组 1	106	150
实验组 2	23	50
实验组 3	2.6	6.5

图 7-29 为不同羰基铁粉和 CBN 磨粒粒径下表面粗糙度与加工时间的关系曲线图。实验发现，在同一加工时间内，羰基铁粉和 CBN 磨料粒径越大，加工效果越好。羰基铁粉和 CBN 磨料粒径的增大增加了光整力，提高了光整加工效率。由图可以看

出，在实验组 1 中，光整加工时间为 50min 时，工件的表面粗糙度达到饱和状态，而另外两个实验组表面粗糙度下降较缓慢。根据式(7-1)和式(7-2)，在相同羰基铁粉和 CBN 磨料浓度条件下，羰基铁粉和 CBN 磨料的粒径越大，单颗羰基铁粉和 CBN 磨粒体积越大，羰基铁粉产生的光整力也就越大。在相同光整力下，CBN 磨料粒径越大，磨粒切入工件的深度越大，对工件表面大划痕的去除能力越强，从而提高了光整效率。因此，羰基铁粉和 CBN 磨料粒径越大，表面光整效果越好。

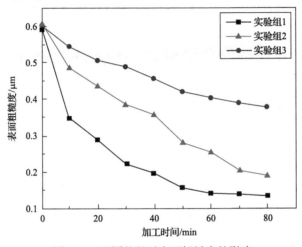

图 7-29 不同粒径对表面粗糙度的影响

在磁性剪切增稠光整加工实验中，测量"增强柔性仿形粒子簇"对工件表面的光整力。在三组光整实验过程中均截取时间长度为 10s 的测量数据，测量结果如图 7-30 所示。由图可知，随着羰基铁粉和 CBN 磨料粒径的增大，"增强柔性仿形

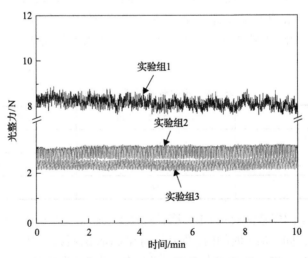

图 7-30 光整加工中不同粒径磁性磨料的光整力

粒子簇"对工件表面的光整力增大,在大粒径的实验组 1 中,其光整力达到了 8.3N,而另外两组的光整力明显小于实验组 1,进一步验证了羰基铁粉和 CBN 磨料粒径越大,光整加工效果越好。

3)不同主轴转速下的光整加工实验

为探究径向 8 槽圆柱磁极磁场发生装置在不同转速下对正弦曲面光整加工效果的影响,在保持加工间隙为 0.7mm 和进给速度为 5mm/min 的条件下,使用粒径为 150μm 的羰基铁粉和粒径为 106μm 的 CBN 磨料,以及浓度为 15%的剪切增稠基液制备光整介质进行光整加工实验,其他实验条件如表 7-7 所示。

图 7-31 为不同主轴转速下表面粗糙度与加工时间的关系曲线。由图可以发现,主轴转速越高,表面粗糙度下降越快。在加工前 40min,三种主轴转速下的表面粗糙度均呈现快速下降的趋势,主轴转速为 1000r/min 时下降最快,加工至 60min 时,表面粗糙度已经趋于饱和,达到稳定状态。这是因为随着主轴转速的增大,单位时间内磨粒与工件表面接触的次数变多,材料去除率增加,表面粗糙度下降变快。三组实验工件的最终表面粗糙度基本相同,结果表明不同主轴转速对光整工件的最终表面粗糙度影响不大。可见,在三组实验中,主轴转速越大,光整加工效率越高。

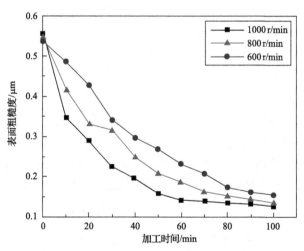

图 7-31　不同主轴转速对表面粗糙度的影响

4)不同加工间隙下的光整加工实验

光整加工工具和工件表面的加工间隙会影响光整加工区域的磁感应强度和磁感应梯度,进而影响"增强柔性仿形粒子簇"对工件的光整力。为探究径向 8 槽圆柱磁极磁场发生装置在不同加工间隙下对工件表面加工质量的影响规律,在保持主轴转速为 1000r/min 和进给速度为 5mm/min 不变的情况下,选用不同加工间隙进行光整加工实验,其他实验加工参数如表 7-7 所示。

　　图 7-32 为不同加工间隙下表面粗糙度与加工时间的关系图。实验结果表明，加工间隙越大，工件表面粗糙度下降得越慢。随着加工间隙的增大，光整工具与工件表面的距离增大，在工件表面产生的磁感应强度和磁感应梯度减小，因此产生的光整力降低，从而削弱了光整能力。在光整加工前 20min，三种不同加工间隙下的表面粗糙度均下降较快，工作间隙为 0.7mm 时下降最快，加工至 60min 时，表面粗糙度已经趋于饱和，得到的表面粗糙度最小。可见，在这三组实验中，加工间隙越小，产生的光整力越大，工件的光整效果越好。

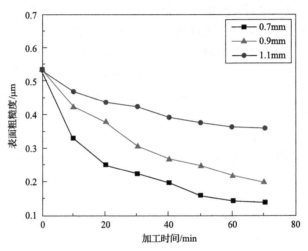

图 7-32　不同加工间隙对表面粗糙度的影响

5) 表面形貌观测

　　图 7-33 为山东理工大学校徽和英文简称的镜像照片。在光整加工前，工件表面存在大量肉眼可见的划痕和凹凸不平的缺陷，不存在镜面反射效果；经过 60min 的粗加工后，较大的划痕已经消失，工件表面的镜面映射效果逐渐显现；在使用小粒径的羰基铁粉和 CBN 磨料进行 60min 的精加工后，可以清晰地观察到山东

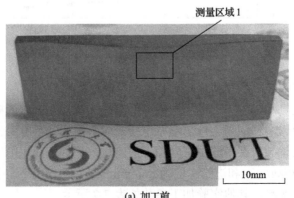

(a) 加工前

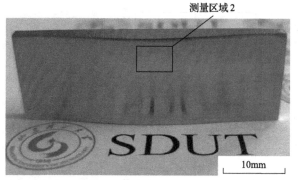

(b) 粗加工后

(c) 精加工后

图 7-33　正弦曲面加工前后实物图

理工大学校徽和英文简称的镜面反射，工件表面达到镜面效果，验证了基于径向开槽圆柱磁极的磁性剪切增稠光整加工方法对正弦曲面加工的有效性。

　　进一步观测工件表面的微观形貌，分别使用 UP-Lambda 型光学轮廓仪及场发射扫描电子显微镜(Quanta 250，美国)对图 7-33 中测量区域 1、测量区域 2 和测量区域 3 的表面形貌及表面轮廓进行测量，结果如图 7-34 所示。测量区域 1 的表面粗糙度为 957nm，表面形貌及表面轮廓有明显的机加工痕迹，存在大量深浅不一的划痕，经过 60min 的粗加工后，工件表面较浅的划痕被去除，较深的划痕也逐渐变浅。测量区域 2 的表面粗糙度下降至 235nm，较粗加工前表面粗糙度降低幅度达 75.4%。在粗加工时所配制的磁性剪切增稠光整介质采用大粒径的羰基铁粉和 CBN 磨料，在磁场的作用下工件表面受到的光整介质压力较大，导致微/纳磨粒切入工件的深度较大，产生了较多的磨粒切痕。因此，在主轴转速为 1000r/min 和进给速度为 5mm/min 的加工条件下，选用表 7-8 实验组 3 中小粒径的羰基铁粉和 CBN 磨料进行精加工实验，在加工 60min 后，工件的表面形貌及表面轮廓明显变得光滑，表面质量显著提高，测量区域 3 的表面粗糙度下降至 117nm，较最初的表面粗糙度，降低幅度达到 87.8%。

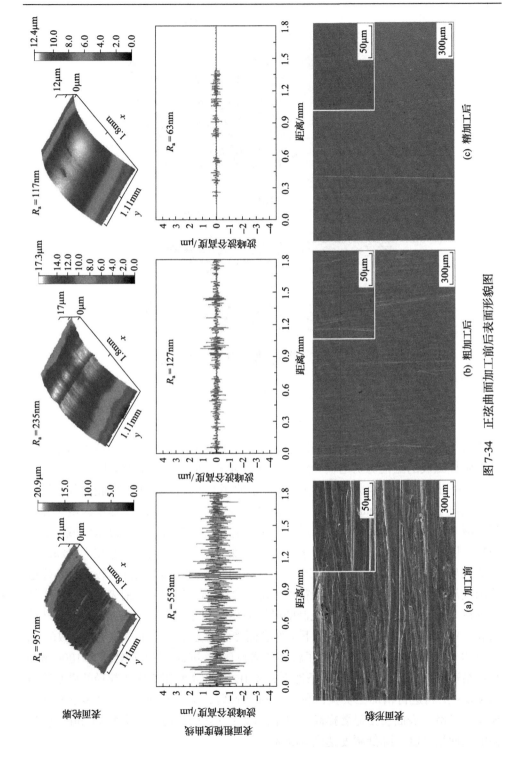

图 7-34　正弦曲面加工前后表面形貌图

对光学轮廓仪所测量的区域进行后处理，获得表面纹理图，如图 7-35 所示。由测量区域 1、测量区域 2 和测量区域 3 的表面轮廓和表面粗糙度曲线可以发现，在测量区域 1 中上端存在深划痕，经过粗加工后，划痕明显变浅。精加工后工件表面纹理曲线逐渐变得平缓，验证了表面形貌及表面轮廓的变化趋势，进一步验证了基于径向开槽圆柱磁极的磁性剪切增稠光整加工方法对正弦曲面加工的有效性。

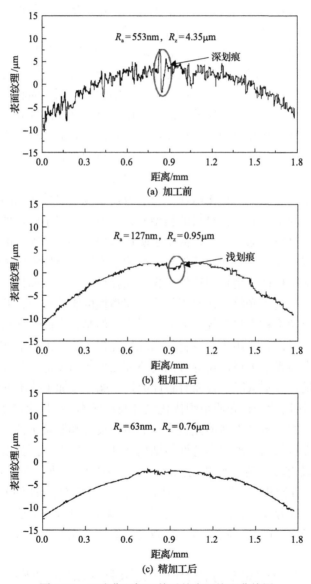

图 7-35　正弦曲面加工前后的表面纹理曲线图

R_z 表示微观不平度十点高度

7.2　磁性剪切增稠光整加工技术展望

光学工程、通信工程、航空航天、高端装备、轨道交通、新能源汽车、医疗器械等领域高新技术产业的飞速发展,对具有复杂结构形状及难加工材料零部件/构件的表面性能提出了更高的要求,也对精密与超精密加工技术提出了更高的要求。光整加工技术作为精密与超精密加工领域应用广泛的一种加工工艺手段,是现代制造技术的重要组成部分。磁场辅助光整加工工艺具有游离磨料自适应性强、不受零部件表面复杂结构特征限制、光整介质易于控制等优势,适用于螺旋结构、微细结构、自由曲面等复杂结构表面光整加工,能够有效去除工件表面微缺陷,使光整后表面完整性良好。但是,传统的磁场辅助光整加工面临着光整周期长、自动化程度低、材料去除均一性差、尺寸精度不易控制、磁性介质光整性不稳定等共性难题,特别是在高剪切应力场作用下,磁性介质流变特性变差,磁场对磨粒把控能力变弱。因此磁场辅助光整技术的应用范围受到了极大的限制,迫切需要研究新型的磁场辅助光整加工方法、介质和装置。

近年来,作者提出了"磁化增强"与"剪切增稠"双重作用的磁性剪切增稠光整新方法,研制了智能复合材料的新型光整介质;建立了磁性剪切增稠光整介质的本构模型及材料去除率模型,揭示了磁性剪切增稠光整加工的力学性能;优化了磁性剪切智能光整介质的制备工艺,探明了不同磁感应强度下的剪切增稠特性;探究了微细结构件、增材制造件、先进陶瓷件、自由曲面件等磁性剪切增稠光整应用实例;分析了光整工艺对工件表面完整性的影响规律,获得了高效率、高质量的磁性剪切增稠光整最优工艺方案[14-38]。但是,在磁性剪切增稠光整介质高性能制备、多场耦合作用机制及材料去除机理揭示、精准智能磁控光整系统研制、复杂结构表面光整策略优化等方面的研究工作仍需进一步完善。基于本书研究内容的不足,分别从以下方面对磁性剪切增稠光整加工技术进行展望。

(1)磁性剪切增稠光整介质组织优化设计与低成本、批量化制备。磁性剪切增稠光整加工技术的关键在于新型光整介质的组织设计和制备工艺,必须深入研究开发适用于工件材料的物理化学特性与结构特征,且能够在高强度磁场与高剪切应力场作用下具有较高流变性能的磁性剪切增稠光整介质;探寻合适的微/纳磨料、磁性颗粒、分散相、分散介质、添加氧化剂、稳定剂、pH调节剂等成分;揭示光整介质主要成分及外界因素(磁场、应力、温度、pH值)对磁性剪切增稠介质的流变特性及光整性能的影响规律;突破高性能、低成本、易批量化生产的光整介质制备工艺。

(2)磁性剪切增稠光整多场耦合作用机制及材料去除机理研究。磁性剪切增稠效应的作用机制和"增强柔性仿形粒子簇"与工件接触区域材料去除的机理非常复杂，因此必须揭示磁性剪切增稠光整加工表面创成原理和材料去除本质，应用接触力学、弹性力学、表面物理化学、固相化学反应动力学、流体动力学等理论，建立磁性剪切增稠光整加工多场耦合理论模型；利用有限元 Abaqus 软件分析新型磁性剪切增稠介质颗粒相互作用和剪切增稠效应发生机制，研究微/纳磨粒去除微凸峰的过程；借助于 X 射线光电子能谱、俄歇电子能谱、场发射电子显微镜、原子吸收光谱仪、离子色谱仪、电化学综合分析仪等微观测试方法和分析仪器，研究工件表面光整过程中微/纳米尺度摩擦/磨损、表面接触应力分布等磨粒微观力学行为以及热传导、物理吸附、固相化学反应等物理化学作用，揭示磁性剪切增稠光整过程中材料去除机理。

(3)精准智能磁控光整系统研制及复杂结构表面光整策略优化。针对复杂结构零部件表面光整时，材料去除均一性差，尺寸精度不易控制，必须研发精准智能磁控光整系统并优化磁性剪切增稠光整策略。设计开发结构可调式多磁极耦合磁场发生工具，集成至多自由度轨迹优化精密/超精密加工平台(如六自由度高精度工业机器人与三自由度精密/超精密运动装置的集成系统)，研制出精准智能磁控光整系统。充分考虑工件材料特性、结构特征、光整质量要求等因素，研究工件复杂结构自适应姿态调整、介质把持强度智能调控、磁感应强度分布、驻留参数(驻留时间、驻留间隔)以及多自由度运动轨迹优化等光整策略，实现复杂结构表面的高效、精密、智能磁性剪切增稠光整加工。

参 考 文 献

[1] 王翔, 沈连婠, 赵钢, 等. 三维微细光刻成型技术及其发展概况. 现代机械, 2001, (2): 33-35.

[2] 孙涛涛, 于兆勤, 吴明, 等. 内壁表面微结构加工技术的发展与应用. 现代制造工程, 2015, (12): 147-152.

[3] Hammel E C, Ighodaro L R, Okoli O I. Processing and properties of advanced porous ceramics: An application based review. Ceramics International, 2014, 40(10): 15351-15370.

[4] 王琦. 耐高温陶瓷-金属复合材料制备及性能研究. 北京: 华北电力大学, 2020.

[5] Denry I, Holloway J A. Ceramics for dental applications: A review. Materials, 2010, 3(1): 351-368.

[6] Dehghani H, Khodaei M, Yaghobizadeh O, et al. The effect of AlN-Y$_2$O$_3$ compound on properties of pressureless sintered SiC ceramics—A review. International Journal of Refractory Metals and Hard Materials, 2020, 95: 105420.

[7] 林龙侨. 磁性抛光工艺技术研究及对自由曲面结构的加工应用. 厦门: 厦门大学, 2018.

[8] 周志雄, 周秦源, 任莹晖. 复杂曲面加工技术的研究现状与发展趋势. 机械工程学报, 2010, 46(17): 105-113.

[9] 李敏, 袁巨龙, 吴喆, 等. 复杂曲面零件超精密加工方法的研究进展. 机械工程学报, 2015, 51(5): 178-191.

[10] 陈燕. 磁研磨法在自由曲面模具型腔抛光中的应用. 模具制造, 2004, (7): 61-63.

[11] Sun Z G, Fan Z H, Tian Y B, et al. Experimental investigations on the magnetorheological shear thickening finishing for sine surface. Proceedings of the 7th International Conference on Nanomanufacturing, Xi'an, 2021.

[12] 王兴祥. 基于自由曲面磁性研磨永磁磁极头开发与实验研究. 太原: 太原理工大学, 2003.

[13] 金文博. 磁粒研磨法对微小环槽的光整加工试验研究. 鞍山: 辽宁科技大学, 2019.

[14] 刘志强. 微细结构表面新型光整方法与工艺试验研究. 淄博: 山东理工大学, 2018.

[15] 石晨. 基于多磁极耦合的新型光整加工装置及工艺试验研究. 淄博: 山东理工大学, 2020.

[16] 周强. 微细结构表面磁性剪切增稠光整加工工艺试验研究. 淄博: 山东理工大学, 2021.

[17] 周强, 田业冰, 范增华, 等. 磁性剪切增稠光整介质的制备与加工特性研究. 表面技术, 2021, 50(7): 367-375.

[18] 周强, 田业冰, 于宏林, 等. 超粗糙氧化锆复合陶瓷磁性剪切增稠光整加工特性. 材料导报, 2021, 35(S2): 97-100.

[19] 范增华, 田业冰, 石晨, 等. 多磁极旋转磁场的钛合金表面磁性剪切增稠光整加工特性. 表面技术, 2021, 50(12): 54-61.

[20] 田业冰. 难加工材料"高剪低压"磨削与磁场辅助新型光整加工技术(特邀报告). 2019 年中国机械工程学会生产工程分会(光整加工)工作会议暨 2019 年高性能零件光整加工技术产学研用高层论坛, 新乡, 2019.

[21] Tian Y B, Fan Z H, Zhou Q, et al. A novel magnetic shear thickening finishing method, tool and media. International Association of Advanced Materials Fellow Lecture in the Advanced Materials Lectures Serials, Zibo, 2020.

[22] Tian Y B. A novel magnetic shear thickening finishing method, media and finishing characteristics. The 6th International Symposium on Micro/nano Mechanical Machining and Manufacturing, Chongqing, 2021.

[23] Qian C, Tian Y B, Fan Z H, et al. Investigation on rheological characteristics of magnetorheological shear thickening fluids mixed with micro CBN abrasive particles. Smart Materials and Structures, 2022, 31(9): 095004.

[24] Sun Z G, Fan Z H, Tian Y B, et al. Post-processing of additively manufactured microstructures using alternating-magnetic field-assisted finishing. Journal of Materials Research and Technology, 2022, 19(6-7): 1922-1933.

[25] Fan Z H, Tian Y B, Zhou Q, et al. A magnetic shear thickening media in magnetic field-assisted surface finishing. Proceedings of the Institution of Mechanical Engineers, Part B: Journal of Engineering Manufacture, 2020, 234(6-7): 1069-1072.

[26] Tian Y B, Shi C, Fan Z H, et al. Experimental investigations on magnetic abrasive finishing of Ti-6Al-4V using a multiple pole-tip finishing tool. International Journal of Advanced Manufacturing Technology, 2020, 106(5): 3071-3080.

[27] Fan Z H, Tian Y B, Liu Z Q, et al. Investigation of a novel finishing tool in magnetic field assisted finishing for titanium alloy Ti-6Al-4V. Journal of Manufacturing Processes, 2019, 43: 74-82.

[28] 田业冰, 孙志光, 范增华, 等. 一种振动光整装置及方法: ZL202110101382.7. 2022-09-16.

[29] 田业冰, 范增华, 周强, 等. 一种基于磁场辅助的微细结构振动光整装置及光整方法: ZL202011022513.4. 2022-09-06.

[30] 田业冰, 孙志光, 范增华, 等. 一种基于交变磁场的复杂曲面磁场辅助光整装置及方法: ZL 202110101410.5. 2022-05-13.

[31] 田业冰, 范增华, 刘志强, 等. 一种微细结构化表面光整加工方法、介质及装置: ZL201710002212.7. 2019-01-01.

[32] Tian Y B, Fan Z H, Zhou Q, et al. Magnetic field-assisted vibratory finishing device forminute structure and finishing method: US17/391,210. 2021-08-02.

[33] Tian Y B, Qian C, Fan Z H, et al. Controllable magnetic field-assisted finishing apparatus for inter surface and method: US17/391,277. 2021-08-02.

[34] 田业冰, 钱乘, 范增华, 等. 一种基于可控磁场的内表面磁场辅助光整装置及方法: CN202110101408.8. 2021-04-23.

[35] 田业冰, 钱乘, 马振, 等. 一种磁性剪切增稠抛光介质及其制备方法: CN202111338030.X. 2021-11-12.

[36] 田业冰, 马振, 钱乘, 等. 一种基于磁场耦合的双向协同振动抛光装置及方法: CN202111064044.7. 2021-09-10.

[37] 田业冰, 孙志光, 范增华, 等. 一种复合振动磁场辅助光整加工装置: ZL202120857123.2. 2021-12-07.

[38] 马振, 田业冰, 钱乘, 等. 一种振动辅助磁性剪切增稠抛光装置: ZL202122353083.0. 2022-02-11.